THiNKr

新思

新 一 代 人 的 思 想

A·LIFE·ON·OUR·PLANET

我们星球上的生命

MY·WITNESS
STATEMENT
·AND·
A·VISION·FOR
THE·FUTURE

我 一 生 的 目 击 证 词 与 未 来 憧 憬

[英] 大卫·爱登堡 著

DAVID·ATTENBOROUGH

林华 译

中信出版集团 | 北京

图书在版编目（CIP）数据

我们星球上的生命：我一生的目击证词与未来憧憬／
（英）大卫·爱登堡著；林华译. -- 北京：中信出版社，
2021.6 （2024.4重印）

书名原文：A LIFE ON OUR PLANET：My witness
statement and a vision for the future

ISBN 978-7-5217-3034-0

Ⅰ.①我… Ⅱ.①大…②林… Ⅲ.①生态环境保护
—普及读物 Ⅳ.① X171.4-49

中国版本图书馆 CIP 数据核字 (2021) 第 058292 号

我们星球上的生命 —— 我一生的目击证词与未来憧憬

著　　者：[英]大卫·爱登堡
译　　者：林华
出版发行：中信出版集团股份有限公司
　　　　　（北京市朝阳区东三环北路 27 号嘉铭中心　邮编　100020）
承 印 者：北京盛通印刷股份有限公司

开　　本：880mm×1230mm　1/32　　印　　张：8.25
插　　页：12　　　　　　　　　　　字　　数：151千字
版　　次：2021年6月第1版　　　　印　　次：2024年4月第4次印刷
京权图字：01-2021-1494
书　　号：ISBN 978-7-5217-3034-0
定　　价：65.00元

目录

INTRODUCTION

导言

我们最大的失误

PART ONE

目击证词

写作此书时，我94岁了。我小时候和许多其他男孩一样，梦想去遥远的蛮荒之地旅行，去看自然世界最原始的景象。我很幸运地走遍全球，目睹了自然世界中最壮丽的奇观和最扣人心弦的戏剧性时刻。

PART TWO

黯淡前景

113

如果我们保持现有的生活方式不变，我真为今后 90 年间活在世上的人捏把汗。最新的科学研究表明，生命世界正在失去平衡、趋于崩溃。事实上，这个过程已然开始，且速度会越来越快。

PART THREE

未来憧憬

如何重新野化世界

133

"万物的可持续性"应该成为我们人类的理念，甜甜圈模型应该成为我们前进征程的罗盘。它摆在我们面前的挑战简单而严峻：在试图应对这一巨大挑战时，应该向何处寻求灵感？

CONCLUSION

结语

我们最大的机会

INTRODUCTION

导言

我们最大的失误

乌克兰的普里皮亚季（Pripyat）不同于我到过的任何地方。它是彻底绝望之地。

　　表面上看，这个小城舒适宜人，有林荫道，有酒店，有一个广场，有一所医院，有游乐设施齐备的公园，有一家中央邮局，还有一个火车站。城里有学校、游泳池、咖啡馆，还有酒吧、一家河滨餐馆、商店、超市、理发店、一家剧院、一家电影院、一个舞厅，外加健身房和一座带跑道的体育场。我们人类为舒适生活创造的各种便利，或者说我们为自己创造的生活环境的一切要素，这里应有尽有。

　　小城文化中心和商业中心的外围是一片公寓大楼，共160栋，以特定的不同角度面对着规划周全的道路网。每个单元都带阳台。每栋公寓楼都设有洗衣房。最高的几栋楼将近20层高，每栋楼顶上都装饰着巨大的铁制镰刀斧头，那是这座小城创建者的象征。

普里皮亚季是苏联在20世纪70年代的建筑繁荣期建造的。它是为近5万人精心设计的完美家园，是专为东方集团的顶尖工程师和科学家以及他们年轻的家人建造的现代主义乌托邦。从20世纪80年代早期业余拍摄的影片中，可以看到他们微笑、交谈，推着婴儿车在宽阔的林荫道上散步，在芭蕾舞班上课，在奥运会规格的游泳池中嬉水，在河上泛舟。

然而，今天的普里皮亚季渺无人烟。房屋外墙摇摇欲坠。窗户玻璃破碎。房梁倾斜坍塌。我摸索着进入那些空无一人的黑暗大楼时，必须时刻小心脚下。理发店里，理发椅仰面朝天，周围是蒙满灰尘的卷发器和镜子碎片。日光灯管歪歪斜斜地吊在超市的天花板下方。市政厅的拼花地板破碎开裂，迤逦散落在气派的大理石楼梯上。学校教室的地上，练习本扔得到处都是，本子上的西里尔字母用蓝墨水写得整整齐齐。游泳池干涸无水。公寓里，沙发座位塌陷，挨到了地板，床铺糟朽不堪。几乎一切都陷入静止，似乎被按了暂停键。如果一阵风吹动了什么，都能吓人一跳。

走进一个又一个门厅，人迹杳然越发令人不安。空无一人是再实在不过的现实。我也到过其他人去楼空的城市，如庞贝、吴哥窟和马丘比丘，但是在这里，一切都显得那么正常，这就更

4

突出了此地被弃是多么不正常。这个小城的房屋和配套设施是如此令人熟悉，可以确定它们不是因为时过境迁而被废弃的。普里皮亚季是彻底绝望之地，因为这里的一切，从无人观看的告示板，到科学教室里丢弃的计算尺，再到咖啡馆里残破的钢琴，都凸显了一个事实，那就是人类能够丧失其需要的一切和珍视的一切。地球上只有我们人类有足够的力量创造世界，然后再将其毁掉。

1986 年 4 月 26 日，普里皮亚季附近以"切尔诺贝利"之名为今人所知的弗拉基米尔·伊里奇·列宁核电站的 4 号反应堆发生了爆炸。爆炸的肇因是规划不周和人为失误。切尔诺贝利核电站反应堆的设计存在缺陷。操作人员不知道有这些缺陷，而且工作中漫不经心。切尔诺贝利爆炸的原因是失误——所有解释中最能说明人性的莫过于此。

爆炸后，比广岛和长崎原子弹爆炸的总和多 400 倍的辐射物质随强风吹遍欧洲大部，含在雨滴和雪花里从空中落下，渗入许多国家的土壤和河流，最终进入了食物链。爆炸造成的死亡人数仍有争议，但估计高达数十万之众。许多人说，切尔诺贝利事件是历史上代价最惨重的环境灾难。

可悲的是，事实并非如此。20 世纪大部分时间里，另一场灾难在几乎无人注意的情况下日复一日地在全球各地展开。它的成因也是规划不周和人为失误。它不是一次性的不幸事故，而是我们做任何事情那种不管不顾和不明就里的态度导致的破坏性结果。它并非始于某一场爆炸，而是在无人知晓的状况中静悄悄地发生的，是由多重全球性复杂因素造成的。它的影响单凭一种工具无法察觉。经过世界各地的数百项研究才确认了它的发生。它的影响比几个不幸的国家土壤和河道遭到污染深远得多——它最终可能会导致我们所依赖的一切动摇和崩塌。

它就是我们时代真正的悲剧——我们星球上生物多样性的螺旋式下滑。我们星球上的生命要真正旺盛蓬勃，广泛的生物多样性必不可少。只有当无数有机个体最充分地利用每一种资源、每一个机会的时候，只有当千百万物种的生命相互关联、彼此维持的时候，我们的星球才能有效运行。生物多样性越丰富，地球上所有的生命，包括我们自己，就越安全。然而，人类现在的生活方式正在造成生物多样性的退化。

所有人都难逃罪责，不过必须说，我们并非有意而为。我们只是在过去几十年间才慢慢明白，我们每个人生于斯长于斯的人类世界从来有其内在的不可持续性。但是，现在我们既然知道了，就要做出选择。我们可以继续过自己的幸福生活，养活家庭，在我们建立的现代社会中忙于各种实在的追求，却选择对迫在眉睫的灾难视而不见。我们也可以选择改变。

这个选择可不那么简单。毕竟，对已知的东西坚持固守、对未知的事物不予置信或心存恐惧乃人之常情。普里皮亚季的居民每天早上拉开房间的窗帘后，首先映入眼帘的就是有一天会毁掉他们生活的那座巨大的核电站。大部分居民都在核电站工作，其余的人则是靠核电站的工作人员维生。许多人一定明白，住在与核电站仅有咫尺之遥的地方是危险的，但是我怀疑是否有人愿意关闭那里的反应堆。切尔诺贝利给了他们那种宝贵的东西 —— 舒适的生活。

现在，我们都是普里皮亚季人。我们过得舒舒服服，头上却笼罩着我们自己制造的灾难的阴影。造成灾难的正是使我们得以享受舒适生活的东西。我们会很自然地继续这样生活下去，直到有令人信服的理由证明不应维持现状，并且有另辟蹊径的完善计划。这就是我写作此书的原因。

自然世界在衰退。证据比比皆是。这一切都发生在我的一生当中。我目睹了自然世界的衰退，而这种衰退会导致我们的毁灭。

不过还来得及关闭反应堆。也的确有其他好路可走。

本书讲述了我们这个最大的失误是如何铸成的，也讲述了如果我们现在行动起来，仍来得及痛改前非。

PART ONE

目击证词

写作此书时，我 94 岁了。我这一生非同寻常，到现在我才真正体会到究竟有多么非同寻常。我很幸运，一辈子都在探索我们星球各处的荒野，拍摄影片记录那里的野生动物。我走遍全球，亲眼看到了多姿多彩、令人惊叹且生机勃勃的世界，目睹了自然世界中最壮丽的奇观和最扣人心弦的戏剧性时刻。

　　我小时候和许多其他男孩子一样，梦想去遥远的蛮荒之地旅行，去看自然世界最原始的景象，甚至找到科学尚未发现的新物种。现在，我自己都难以相信我大半辈子居然做的正是这件事。

1937 年

世界人口：23 亿 [1]

大气层含碳量：280 ppm[2]*

未开发的荒野：66%[3]

---

* 1 ppm 为百万分之一。——编者注

我 11 岁时，住在英格兰中部的莱斯特郡。那时，像我那么大的男孩骑上自行车离家到乡间去待上一整天是很普通的事。我经常这么做。每个孩子都喜欢探索。掀翻一块石头看看下面有什么动物，这就是探索。观察周围的自然世界从来都令我痴迷。

　　我的哥哥另有所好。莱斯特郡有个业余剧社，演出水平几乎可以达到专业标准。虽然我哥哥时常劝我和他一起去演个跑龙套的角色，念上几句台词，但我不感兴趣。

　　天气一转暖，我就骑车到郡的东部去，那里的岩石中有许多美丽有趣的化石。诚然，那些化石不是恐龙的骨头。那个地区的蜜色石灰岩古时候是海底的淤泥，所以里面不可能有恐龙这种陆上巨无霸的遗骸。我发现的是海中生物菊石的壳，有的

宽约 15 厘米，卷曲的形状如同公羊角；还有的和榛子一般大小，壳内细小的方解石结构支撑着里面的生物呼吸用的鳃。最让我激动的莫过于捡起一块看起来可能有化石的石头，用锤子猛力一击，看到石头裂开，露出这样一个奇妙的贝壳在阳光下闪闪发光。一想到自己是第一个看到这个贝壳的人，我就不禁欣喜若狂。

　　我很小就相信，最重要的知识是帮助自己明了自然世界运作方式的知识。我所感兴趣的不是人类发明的律条，而是主导动物和植物生命的法则；不是国王和王后的历史，也不是人类各个社会发展出来的不同语言，而是在人类出现很久之前就支配着这个世界的原理。为什么有那么多不同种类的菊石？为什么这个菊石和那个不一样？它是否有不同的生存方式？它是否生活在另一个地区？我很快发现，其他许多人也问了同样的问题，并找到了许多答案；这些答案汇总起来可以成为一切故事中最奇妙的故事——生命的历史。

　　地球上生命的发展大多是缓慢稳定的变化过程。我在岩石中发现的那些生物遗骸在其活着的时候始终在经受环境的考验。生存和繁殖能力较强的得以将自己的特征遗传下去，能力较弱的则无法做到。在几十亿年的时间里，生命的形式缓慢地演变着，变得更复杂、更高效，常常也更特化。它们的漫长历史中每一个细节都能根据岩石中的发现推断出来。莱斯特郡的石灰岩记录的仅仅是历史的一个短暂瞬间。不过，市博物馆里陈列的展品显示了历史演变的更多片段。为了对此获得更进一步的了解与发现，我决定长大后要争取上大学。

在大学里，我又知道了一个事实。这个漫长的渐变故事在有些节点曾经遭到过猛烈的打断。每隔1亿年左右，经过各种艰难的筛选和改进之后，总会爆发一次大灾难——大规模灭绝。

在地球历史上的不同时期，如此多的物种以如此精细的方式所适应的环境，出于不同的原因发生过猛烈的全球性骤变。地球的生命维持系统突然出了毛病，这一系统原来赖以支撑的各种脆弱关系的神奇聚合土崩瓦解。大批物种瞬间消失，仅有少数得以幸存。所有进化成果全部付诸东流。这些规模浩大的物种灭绝在岩石上显现出了纪元间的界线。如果你知道往哪里找，知道如何分辨，就能看到那些界线。界线以下的生命形式数不胜数。界线以上却寥寥无几。

自生命出现以来的40亿年历史中，这类大规模灭绝出现了5次。[4] 每一次，自然系统都发生了坍塌，只留下仅够从头发展的少数幸存者。最近的一次大灭绝据说是一颗陨星撞击地球造成的，那颗陨星直径超过10千米，撞击力度比试验过的最大氢弹还强200万倍。[5] 它砸到了一片石膏地里。有人认为，它造成硫黄升腾进入大气层，然后变为酸雨洒向大地，杀死了植被，溶化了海水表层的浮游生物。漫天烟尘遮蔽了阳光，也许造成植物在数年内都生长迟滞。爆炸产生的燃烧的碎片雨点般落回地上，使西半球陷入一片火海。大火给已经遭到污染的空气加上了二氧化碳和烟雾，产生了温室效应，造成地球变暖。因为陨星落在了海岸边，所以它引发了席卷全球的巨大海啸，摧毁了沿岸的生态系统，把海沙冲到了内陆深处。

这个事件改变了自然史的轨迹，全部物种的 3/4，包括陆地上所有体形比狗大的动物，被一扫而光。它结束了恐龙在地球上 1.75 亿年的统治。生命只能从头再来。

自那以后的 6 600 万年中，大自然一直在重建生命世界，重造并改良各种各样的新物种。生命这一轮重启行动的成果之一就是人类。

* * *

我们人类自己的进化也记录在岩石中。人类祖先的化石比菊石化石少得多，因为他们 200 万年前才刚刚开始进化。另外还有一个困难。陆上的动物遗骸绝大多数都不像海洋生物那样密封在层层沉积物中，而是曝露在炎炎烈日、狂风暴雨和冰雪霜冻之下，因而损毁。不过，陆上动物的遗骸还是可以找到的，我们所发现的人类先祖的少量遗骨显示，我们的进化最初在非洲开始。随着进化，我们大脑的体积开始增加，而且速度很快，这表示我们正在获得人类最突出的特征之一，即发展文化的独特能力。

对进化生物学家来说，"文化"一词代表着可以通过教授或模仿从一个个体传给另一个个体的信息。照抄他人的想法或行动对我们来说不费力气，但那是因为我们有超群的模仿能力。只有屈指可数的其他几个物种显示出有文化的迹象。黑猩猩和宽吻海豚是其中两个。但是，其他物种的文化能力与人类相比都望尘莫及。

文化改变了我们的进化方式，成为我们这个物种适应地球上生活的新方法。其他物种依靠的是经过许多世代才形成的身体变化，而我们却能提出一个想法，在一代人的时间内就造成重大变化。知道干旱时在哪些植物根部能找到水；知道如何制造石器，剥下猎物的皮；知道怎么点火、怎么烧饭 —— 这些妙招在一代人的时间内就可以从一个人传给另一个人。这是一种新形式的遗传，不靠从父母那里得到的基因。于是，我们变化的步伐加快了。我们祖先的大脑以异乎寻常的速度增大，使我们得以学习、储存并传播思想。但是，最终我们祖先身体的变化减缓到几乎完全停止的地步。大约 20 万年前，出现了解剖学意义上的现代人类，即智人（*Homo sapiens*），也就是和你我一样的人。自那以来，人类在身体上基本没有变化。发生了巨大变化的是我们的文化。

人类作为一个物种存在之初，文化以狩猎和采集的生活方式为中心。这两样我们都干得异常出色。我们用我们文化的物质产物把自己装备起来，例如钓鱼用的鱼钩和杀鹿用的刀子。我们学会了用火来做饭，用石头来研磨谷物。不过，尽管我们有善于创造的文化，我们的日子却并不好过。环境相当严酷，尤其糟糕的是它不可预测。总的来说，世界比现在冷得多，海平面低得多。很难找到淡水，全球气温在相对较短的时间内大起大落。那时人的身体和大脑也许和现在相差不大，但因为环境太不稳定，所以生存艰难。研究现代人类基因得出的数据显示，事实上，7 万年前，险恶的气候导致出现了几乎令人类灭绝的事件。人类这个物种全部有生殖能力的成人可能减到了区区两万。[6] 人类的进一步发展需要一定的稳定性。1.17 万年前最后一批冰川的后退恰好带来了那种稳定性。

* * *

全新世在地球历史中被认为是我们的时代，它是我们星球的漫长历史中最稳定的时期之一。连续 1 万年的时间里，全球平均气温的变化不超过 1 摄氏度。[7] 这种稳定的确切成因我们不得而知，但这很可能与生命世界的丰富多彩有关。

浮游植物群落这种浮在海洋中接近水面地方的微型植物群

和连绵不断、遮蔽了整个地球北部的大森林锁住了大量的碳，帮助维持了大气中**温室气体**含量的平衡。草原丰美，因为大群食草动物的排泄物增加了土壤的肥沃度，动物的啃食又刺激了新草的成长。海岸边的红树丛和珊瑚礁为刚孵出的小鱼提供了栖息地，小鱼长大后，游入大海，成为海洋丰富的生态系统的一部分。参差不齐的茂密的热带雨林生长在赤道周围，吸收太阳的能量，为地球的空气环流补充湿度和氧气。地球南北两极冰雪覆盖的广袤地区一片银白，把阳光反射回太空，如同一台巨大的空调，为整个地球降温。

就这样，全新世繁茂的生物多样性帮助调节地球各地的温度，生命世界进入了季节这一温和可靠的年度生息节奏。热带平原上，旱季和雨季循环交替，像钟表一样准确无误。在亚洲和大洋洲，风向在每年同一时间发生改变，按时送来季风。地球北部地区的温度每年 3 月升到 15 摄氏度以上，迎来温煦的春天，然后保持高位，直到 10 月才下降，引入肃杀的秋意。

全新世是我们的伊甸园。它的季节律动如此可靠，给人类提供了所需的机会，人类也抓住了这个机会。环境刚刚稳定下来，生活在中东地区的人群就开始放弃采集植物和猎杀动物，转向了一种全新的生活方式。他们开始种田。这一改变并非有意为之，没有事先计划。通向农业之路是一条漫漫长路，是各种偶然和意外因素的结果，与其说是高瞻远瞩的决定，不如说是运气使然。

　　中东的土地具有发生这种巧合所需的一切特质。中东位于非洲、亚洲和欧洲三个大陆的交会点，千百万年来，来自这三个大陆的各种植物和动物都经过此地，并在此落地生根。山坡上，漫滩里，今天的小麦、大麦、鹰嘴豆、豌豆和兵豆的野生祖先扎下了根。这些物种的种子都养分充足，能够熬过漫长的旱季。这些可食用的种子一定每年都吸引着人们前来。如果人们采集的种子满足了眼前需要之后还有剩余，他们就肯定和一些其他哺乳动物及鸟类一样，把盈余储存起来，留待冬天缺粮时吃。在某个时候，这些**狩猎-采集者**定居下来，不再到处游荡，因为他们心中不慌，知道即使找不到其他食物，也可以吃储存的种子。

　　这个地区游荡着野生的牛、山羊、绵羊和猪。最初，人当然是在野外猎取它们，但全新世到来的几千年后，这些动物也被驯化了。牲畜从野生到**驯化**同样经历了许多阶段，无疑还走了不少弯路。开始时，猎人为增加猎物的数量，打猎时专挑雄性动物下手，保护育崽的雌性。科学家在研究古村落周围的兽骨时发现了这方面的证据。人类为了维持野生动物种群，还可能驱走其他的肉食野兽，或者在一年中的某些时段内不打猎吃肉。最后，人类不仅捕捉动物，而且长时间饲养动物，还开始繁殖它们，挑选的种畜当然是攻击性较弱、耐受力较强的动物。

随着时间的推移，其他创新发明为这些发展增添了助力，如建造粮仓、放牧牲畜、挖掘水渠、翻土播种、使用肥料。于是农业闪亮登场。也许，当人类这个聪明而富有创造性的物种遇到全新世的稳定气候，农业的开始实乃顺理成章。可以肯定，世界各处至少 11 个不同地区都独立发展起了农业，逐渐培育出了五花八门的各种作物，包括我们所熟悉的马铃薯、玉米、水稻和甘蔗，还驯养了驴、鸡、羊驼和蜜蜂等动物。

* * *

农业改变了人与自然的关系。在很小的程度上，人在驯服自然世界的一部分 —— 对环境进行一定的控制。我们建墙来保护植物不受风吹。我们栽树给牲畜遮阴。我们用牲畜的粪便给草场施肥。我们修建运河以确保庄稼在干旱时能够靠河流湖泊的水继续茂盛生长。我们除掉其他植物，使之无法跟对我们有用的植物竞争，还在山坡上种满我们特别喜欢的植物。

被人类选中的动物和植物也开始改变。吃草的动物既然有了人的保护，就不再需要提防掠食者的攻击或为了求偶而打斗。人除去地里的杂草，使庄稼在成长中没有其他物种的竞争，能获得所需的所有氮、水和阳光。于是，谷粒、水果和块茎长得更大。人饲养的动物不再需要保持警惕、随时出击。于是，它们变得更加温顺听话。它们的耳朵耷拉下来，尾巴卷曲起来，即使长大后依然发出幼时的叫声 —— 也许这是因为它们在人如同照顾孩子般的喂养和保护下，在许多意义上始终没有长大。人类作为物种本身也在变化，起初是被大自然塑造，渐渐变为能够按照自己的需求去塑造其他物种。

农夫的劳作是艰苦的，经常遭遇旱灾和饥荒。但他们生产的粮食终于能够除了满足自己的眼前需要之外还有剩余。与其他仍旧依靠狩猎-采集为生的人相比，务农的人养活得起更大的家庭。多生出来的儿女很有用，不仅可以照顾庄稼和牲畜，还能帮家里保住田地。农地比自然的野地更宝贵，农夫为了保住自己的土地，开始建造更加固定的住所。

不同家庭拥有的土地在土壤类型、取水便利程度和土地朝向等方面必然有所不同。所以有些人家的庄稼和畜群比别人家长得好。除了家里吃的，还有剩余可以拿去交换。务农的人们聚在一起形成集市来互通有无。他们开始用食物换取其他东西和技能。农夫需要石头、麻绳、油和鱼。他们想得到木匠、石匠和打造工具的匠人制作的产品，而这些匠人第一次能够不必花时间自己种粮食，而是靠手艺吃饭。随着行业种类的增多，集市发展为镇子，在许多肥沃的河谷地带又扩大为城市。一个河谷被定居者住满后，就有农夫迁往别处寻找新的田地。随着务农群体的扩大，邻近和他们做买卖的狩猎-采集部落也加入了他们，农业迅速传播到大河的全流域。

文明开始了。一代又一代，借助每一项技术发明，文明前进的速度日益加快。使用水力、蒸汽动力、电力的一项一项发明被创造出来并得到改善，直到让我们取得今天熟悉的所有成就。不过，在日益复杂的社会中，每一代人之所以能够发展进步，全因自然世界保持了稳定，可以让人类依靠，提供人类所需要的材料和条件。对人类来说，全新世的良好环境以及保证了这种环境的令人惊叹的生物多样性变得比过去任何时候都更加重要。

1954 年

世界人口 : 27 亿
大气层含碳量 : 310 ppm
未开发的荒野 : 64%

我在大学学习了自然科学，又在皇家海军服役完毕后，加入了初创的英国广播公司（BBC）电视台。它于1936年成立，是世界上第一家电视台，在伦敦北部的亚历山德拉宫有两个小演播室。第二次世界大战爆发后，电视台暂停运营，1946年恢复业务，用的还是以前的演播室和摄影机，播出的全部是直播的黑白电视节目，而且只有在伦敦和伯明翰才看得到。我的工作是制作各种纪实节目，但是，随着每晚播放节目的数量及种类增加，我开始专注于自然世界。

　　起初，伦敦动物园把动物送到演播室供我们拍摄。我们在桌面盖上一块放在门口擦鞋用的垫子，动物就被放在上面，通常由动物园的一位专家看管。可是，在这样的安排下，动物们显得非常不自然，像怪物一样。我渴望让观众看到动物在适合它

们的环境里的样子；只有看到野外的各种动物，才能明白它们长有不同的形状和毛皮颜色是有道理的。最后，我想出了一个办法。我和伦敦动物园爬行动物馆的馆长杰克·莱斯特（Jack Lester）商量了一个计划，由他向动物园园长建议，派他去他所熟悉的西非国家塞拉利昂，让我带着一个摄影师共同前往，拍摄他在那里的工作。这部显示杰克在荒野中工作的电视系列片每一集结尾时，都由他亲自来到演播室，向观众展示他捉到的动物，并讲解和这种动物有关的自然知识。这样，动物园能够声名远扬，BBC 则得以开设一类新的动物节目。我们给这个节目起的名字是《动物园探奇》（Zoo Quest）。就这样，1954 年，我和杰克出发去了非洲，还带了年轻的摄影师查尔斯·拉古斯（Charles Lagus），他在喜马拉雅山区做过摄影，用过我们要用的16 毫米轻型电影拍摄机。

　　节目第一集是 1964 年 12 月播出的。不幸的是，节目播出的第二天，杰克就生了重病，被送进医院，最后他死于这种病。他不可能到演播室去拍摄下周要播出的第二集。只有一个人干得了这件事，就是我。于是，我奉命从指挥直播摄影机的控制室中走出来，站到演播室里摆弄我们非洲之行带回来的大蟒、猴子、珍稀鸟类和变色龙等动物。我在摄影机前的生涯就这样开始了。

　　这个电视系列片一炮而红，我开始到世界各地去制作《动

物园探奇》节目，去过圭亚那、婆罗洲、新几内亚、马达加斯加和巴拉圭。我所到之处，看到的都是大自然的无限风光，有波光粼粼的沿岸海面，有深不可测的茂密森林，有广袤无垠的开阔草原。年复一年，我带着摄影机探索这些地方，为国内的观众记录下自然世界的奇观。带领我们穿过丛林和沙漠的向导不明白我找动物为什么那么费劲——那些动物他们一眼就能发现。过了一段时间后，我才掌握了必要的技能，有能力在荒野中生活和工作。

这个节目受到观众的热烈追捧。人们过去从未在电视上看到过穿山甲，也从未见过树懒。我们向观众展示了世界上最大的蜥蜴——生活在印度尼西亚中部一个叫科莫多岛的小岛上的所谓"科莫多龙"，还第一次拍摄了在新几内亚森林里翩翩起舞的极乐鸟。

20世纪50年代是乐观向上的时代。使欧洲沦为废墟的第二次世界大战开始淡出人们的记忆。整个世界都渴望向前看，向前走。技术创新欣欣向荣，为我们的生活提供了便利，使我们获得了新的体验。好像没有什么能够限制我们的进步。未来令人兴奋，人类的一切梦想都会实现。肩负探索大自然的任务而走遍世界的我有什么资格不同意呢？

那时，没有任何人意识到问题的存在。

1960 年

世界人口：30 亿

大气层含碳量：315 ppm

未开发的荒野：62%

要说有哪片旷野的风景尽人皆知，那肯定是漫游着大象、犀牛、长颈鹿和狮子的非洲大平原。我初访非洲大平原是在1960年。我在那里看到的野生动物蔚为奇观，然而，真正深深吸引我的却是那片大地的广袤苍茫。马赛语中的"塞伦盖蒂"（Serengeti）意思是"无尽的平原"。的确名副其实。在塞伦盖蒂的某个地点也许看不到任何动物，可第二天早上就会一下子冒出来100万头角马、25万匹斑马、50万只瞪羚。几天后，它们又都不见了，越过地平线失去了踪影。如此庞大的动物群居然就这样消失不见，难怪人们觉得大平原无穷无尽。

　　那时，很难想象人类这一物种有朝一日会有力量威胁到这片广阔无垠的旷野。然而，这正是一位眼光远大的科学家伯恩哈德·格日梅克（Bernhard Grzimek）的担忧。"二战"结束后，

他担任法兰克福动物园的园长，使这个笼子破损、弹坑遍地的烂摊子起死回生。20 世纪 50 年代，他在德国经常上电视，播放关于非洲野生动植物的影片。他最出名的影片《塞伦盖蒂不会消亡》(*Serengeti Shall Not Die*) 获得了 1959 年的奥斯卡最佳纪录片奖。影片记录了他追逐角马群，试图确定它们的迁徙路线的工作。他和有飞行员资质的儿子米夏埃尔开着一架小飞机跟随角马群越过地平线，画出它们跨过河流、穿过林地、越过国界的行动路线。在此过程中，他开始理解整个塞伦盖蒂生态系统的运作。他吃惊地看到，食草动物固然需要草，但草同样需要食草动物；没有动物的啃食，草长不了这么茂盛。草经过进化，受得住 100 万张嘴的大啃大嚼。动物的牙齿把草叶啃掉，只剩短短一截儿后，草就利用自己的地下根系储藏的养分重新成长。动物的蹄子刨开泥土，植物散播了种子后，下一代的草就扎了根。兽群离去后，草靠着它们留下的成堆粪便的滋养，很快就能重新长起来。一群群食草动物所到之处，似乎草被吃了个精光，其实这是草的生命周期中一个至关重要的阶段。如果吃草的动物太少，其他更高的植物就会越长越多，连接成片，而在它们的遮蔽下，草就会消失。

这是一个万物相互依存的故事，是当时初兴的生态学做出的发现。19 世纪的动物学家专注于给世界各个物种命名分类，现在动物学家的注意力转到了别的方向，专业分得更细。有些专家使用日益强大的显微镜和 X 光机研究肉眼看不到的动物细胞的活动;由于他们的努力,1953 年发现了 DNA(脱氧核糖核酸)结构这一遗传的根本。还有些人是生态学家,他们发展出了统计方法和观察设备,用来研究野外的动物群。20 世纪 50 年代,生态学家开始慢慢了解看似混乱的野生世界,开始明白各种生命如何互相联系,组成万物相依的无穷无尽的生态网。动物和植物彼此关系紧密,有时甚至密不可分,然而,生态系统虽然交织密切,却不一定坚固强大。哪怕是小小的打击,若是击中了薄弱环节,整个系统就会被打翻。

格日梅克知道,即使是塞伦盖蒂这么庞大的生态系统也必定如此。他坐在飞机上追踪角马群时很快发现,正是由于塞伦盖蒂平原的广袤,它的生态系统才得以免于崩溃。没有广大的空间,角马群就不能去很远的地方,野草遭受它们的啃食后就来不及休养生息。食草动物会把草连根吃掉,而那最终会导致它们自己无草可吃。因为猎物饿得没了力气,所以食肉动物短时间内也许能够受益,但是,最后食肉动物自己也会饿死。倘若塞伦盖蒂不是那么广阔,它的生态系统就会失衡崩溃。

当时,格日梅克知道,坦桑尼亚和肯尼亚即将宣布独立,很可能会响应民众要求,把塞伦盖蒂平原开垦为农田。于是,他通过拍摄电影和其他活动支持那些一心要保护草原、为大自然留下空间的人,为他们提供助力。非洲国家通过自觉自愿的行动显示了自己的高瞻远瞩。坦桑尼亚做出了一个引起巨大争议的决定，禁止有人在塞伦盖蒂草原位于该国境内的部分居住。肯尼亚在马拉河（Mara River）周围增设了自然保护区，来保护塞伦盖蒂动物的迁徙通道。

这些决定的意义十分清楚。大自然远非没有止境。野生世界是有限的。它需要保护。几年后，所有人都明白了这个道理。

1968 年

世界人口：35 亿

大气层含碳量：323 ppm

未开发的荒野：59%

为拍摄《动物园探奇》出差的过程中，我接触过世界上各个遥远地方的人；他们的生活与我的迥然不同，与他们的接触使我开始更多地了解他们以及他们对生命的看法。我觉得，把他们的生活和观点介绍给国内观众非常有意义。因此，我在海外拍摄的重点发生了转变，我开始制作影片来介绍东南亚、西太平洋岛屿和澳大利亚这些远离欧洲的地方的风土人情。我对那些地方的人民越来越感兴趣，觉得应该更多地了解他们的信仰和他们组织生活的方式。BBC 同意我辞去制片的全职工作，在接下来的几年里每 12 个月花 6 个月的时间制作节目，剩下 6 个月在伦敦政治经济学院学习人类学。这个安排似乎再合适不过了，却没能维持多久。

　　20 世纪 60 年代，BBC 接受了给仍在使用黑白电视的英国引进彩色电视的任务。为此要成立一个名叫 BBC2 的新电视台。
这个新电视台的节目要探索新的风格、新的题材。到底是哪些
风格和题材没有具体规定，完全由电视台负责人说了算。这个
工作对任何喜欢广播的人来说都是无法抗拒的。反正给我这个
机会的时候我没能抗拒。1965 年，我放弃人类学学业，又成了
BBC 的工作人员，加入了管理团队。

就这样，1968 年圣诞节的四天前，我站在 BBC 电视中心
国际部机房后方观看了阿波罗 8 号宇宙飞船发回地球的图像。
我们都知道阿波罗 8 号执行的是特殊任务。飞船的宇航员将首
次离开地球轨道，飞到月球绕月飞行，拍摄人类从未见过的月
球背面的图景，然后返回地球。它是一次登月演练，因为肯尼
迪总统决心要在那个十年结束前实现登月。

阿波罗 8 号任务的焦点当然是月球，但出乎意料地抓住了
宇航员和我们心神的却是地球的照片。弗兰克·博尔曼（Frank
Borman）、吉姆·洛弗尔（Jim Lovell）和比尔·安德斯（Bill
Anders）是第一批距离地球足够远，得以用肉眼看到整个地球
的人，这给他们留下了深刻印象。飞行了 3 个半小时后，吉
姆·洛弗尔对美国国家航空航天局说："呃，现在我从中间舷窗
望出去可以看到整个地球。"[8] 三位宇航员惊得目瞪口呆，只会
不断地说："太美了。"安德斯急忙拿来他们带的照相机，成为
拍下整个地球照片的第一人。那张照片动人心魄，照片中地球

上下颠倒，12 月的夏日照耀下的南美洲几乎填满了取景框。但是这张照片和他们在那次任务中拍摄的其他所有照片一样，要等到他们返回地球之后才冲洗出来。世界各地的电视摄影室等待的则是电子影像。

随着从阿波罗 8 号发出第一次广播的预定时间逐渐临近，世界各地挤在电视机旁的人数超过了以往任何电视节目的观众数。我们首先看到的是飞船内部的清晰影像，真是令人难以置信。弗兰克·博尔曼说了几句轻松幽默的话后，解释说操作摄像机的安德斯正等待飞船到达一个位置，以便能通过舷窗把镜头对准地球。

"马上就要拍到我们真正想让你们看的景色了。"他对我们大家说。

可是，就在那个时刻，画面消失了。休斯敦的任务控制中心急忙把影像连接中断的情况通知宇航员们。我们都无可奈何地等着。在直播中看着宇航员忙活了几分钟后，我们得知是远摄镜头出了毛病。安德斯改用了广角镜头，但仍然没有影像。"不会还盖着镜头盖吧？"休斯敦问道。"不会，"博尔曼随口回答道，"事实上我们刚检查过。"

然后，所有的电视屏幕上突然出现了图像。看得出一个圆形，但因为使用的是广角镜头，所以显得很小。然而，更大的问题是曝光。洒满阳光的地球太亮了。"屏幕上只有一个晃眼的亮点，"休斯敦说，"看不出是什么东西。"

"那就是地球。"博尔曼几乎是语带歉意地说。

既然无法改善影像质量，宇航员们就向我们展示了一圈飞船的内部。我们看着他们在零引力的环境中吃午餐。吉姆·洛弗尔向他妈妈表达了生日快乐的祝愿。然后转播就结束了。博尔曼说："我希望能把另外那个镜头修好。"

我们等了一整天才等到下一次直播，观看又一次尝试。12月 23 日，观看直播的全球电视观众据估计达到了 10 亿，远超以前最多的观众人数。博尔曼上来就自豪地宣布："嗨，休斯敦，这里是阿波罗 8 号。我们的电视摄像机现在正对着地球。"宇航员们没有取景器，所以其实不可能确切地知道电视画面显示的是什么。

"我们对它的一角看得很清楚。"休斯敦说，但接下来地球迅速闪出画面不见了。至少远摄镜头又能用了，但后来在令人焦灼的好几分钟内，飞船在 18 万英里＊以外以微偏的角度飞行的时候，宇航员们在自己看不见的情况下，全凭"向左一点，向右一点"的指示试图把镜头指向地球。

虽然地球在电视屏幕上滑过来又滑过去，但事实是 1/4 的

＊ 　　1 英里 ≈1.6 千米。——编者注

人类正在观看着自己所处的星球。人们连眼都不敢眨一下。那个东西就是装着整个人类的地球 —— 除了在宇宙飞船里拍摄的那三个人。

1968 年的圣诞节，电视上的那个图像使人类明白了一个以前从未有过如此生动的直观印象的道理，它也许是我们时代最重要的真理：我们的星球是微小的、孤立的、脆弱的。它是我们唯一的地方，是我们所知唯一存在生命的地方。它的宝贵是独一无二的。

阿波罗 8 号拍摄的图像改变了全世界人民的观念。正如安德斯自己说的："我们大老远来探索月球，但最重要的却是我们发现了地球。"大家一下子同时认识到，我们的家园不是无限的 —— 我们的存在是有边界的。

1971 年

世界人口：37 亿

大气层含碳量：326 ppm

未开发的荒野：58%

我在 1965 年接受 BBC 的行政工作时，要求允许我每两年或三年离开办公桌几个星期去制作节目。我坚持说，那样我才能跟得上节目制作技术的不断变化。1971 年，我想到了一个可能的题材。

直到 20 世纪初期，欧洲旅行者要想冒险离开自己的大陆去探索遥远的天涯海角，都只能靠步行跋涉。如果要去的国家是完全未知的地方，就得雇挑夫带上所需的一切食物、帐篷和其他设备，以便在远离文明的蛮荒中自给自足。不过，在 20 世纪，内燃机的发展结束了这种做法。探索者现在使用的是越野车、吉普车、轻型飞机，甚至直升机。我只知道一个地方还需要探索者完全靠两条腿走路去做出伟大的发现 —— 新几内亚。

这个 1 000 英里长的岛屿位于澳大利亚以北，岛上到处是长满了热带森林的陡峭山脉。即使到了 20 世纪 70 年代，仍然有一些外人从未涉足过的地方。任何人想去那些地方，都仍然只能带着长长的一队挑夫跋涉前行。这样的一次探索之行如果拍成影片，一定引人入胜。

那时，新几内亚东部在澳大利亚统治之下。我找了澳大利亚电视台的朋友。他们发现一家矿业公司申请了许可，想去一处这种无人到过的地方探矿。不过，政府政策规定，在确认某个地方是否有人居住之前，谁也不准去探矿。从航拍照片上看不到任何茅棚或其他建筑物，但在一片林海中有一两个小黑点，也许是人清理出来的空场。空场的地方都不大，直升机无法降落。要知道那些黑点到底是什么，只能派一个巡逻小队步行前往。我可以带着摄影队跟随——如果我真想去的话。

我的计划很简单。离那个地方最近的欧洲人定居地是一个名叫安本蒂（Ambunti）的小小的政府站，位于塞皮克（Sepik）河畔，这条大河与岛的北岸平行，汹涌奔流向东注入太平洋。带队出征的政府官员劳里·布拉格（Laurie Bragge）就派驻在安本蒂，他会招募一些挑夫。我们准备租一架水上飞机，降落在政府站旁的河面上，和他会合。

那次旅行是我所经历过的最累人的一次。劳里聚集了一支 100 人的挑夫队伍，可就那样也不足以搬运我们需要的所有食物。每过 3 个星期就得给我们空降食物补给。我们需要纵向

穿过岛屿。每天早上清晨刚过，我们就开始出发，在我所见过
的最繁密的森林里破路前行。我们沿着泥泞的陡坡爬到山脊顶
端，再在湿漉漉的林下灌木丛里滑下另一边的山坡；我们涉水
渡过蜿蜒的小河，再爬上另一边的河岸。然后又是一次一次爬
山渡河。每天下午 4 点，我们停止行进，扎营休息，用油布搭
起帐篷来躲避 5 点准时到来的倾盆大雨。

　　这么走了 3 个半星期后，一个挑夫注意到我们在森林里清
理出来的地块边上有人的脚印。这说明前一天夜里有人靠近了
我们的营地来观察我们。我们朝着足迹的方向跟了下去。每天
晚上搭起帐篷后，我们都在外面摆出礼物 —— 一块块盐巴、一
把把小刀和一包包玻璃珠。我们派一个挑夫坐在树桩上，过几
分钟就呼喊说我们是朋友，是带着礼物来的。但是，我们追踪
的那些人无论是什么人，都不可能听得懂他的呼喊，因为新几
内亚的住民有 1 000 多种语言，彼此都听不懂。就连小群体也
有自己专用的语言。每天夜里，我们都向着周围呼喊。每天早
上，我们都发现摆在外面的礼物原封未动。

　　又走了 3 个星期，我们的给养快不够了。我们决定扎下营
来，挑夫们在接下来的两天里吃力地砍倒巨树，清出一块地方，
好让直升机给我们空投供给。空投成功了，把物资准确地投在
空地上。接下来我们又出发了，挑夫们的担子又重了起来，但
他们并不抱怨，因为之前我们每人只能分得一点点口粮。走了

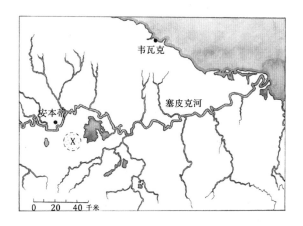

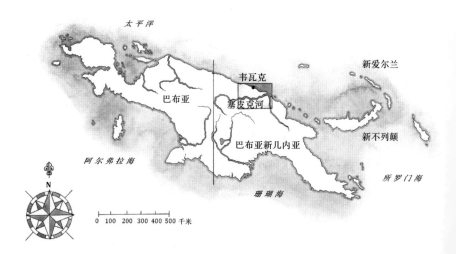

4 个星期后，我们逐渐接近之前勘察过的地区。看来这次探索
和我们的拍摄是无法达成满意的结果了。

然后，一天早上，我在油布帐篷下醒来后，看到外面站着
一群小个子的人，离我只有两米远。他们没有一个身高超过一
米五，都全身赤裸，只在腰间围了一条宽宽的树皮腰带，腰带
里塞着一丛丛树叶，遮盖着下体的前面和后面。有几个人的鼻
孔侧面打了洞，洞里塞的东西我后来发现是蝙蝠牙。我们的摄
影师休（Hugh）睡觉时永远把装好胶卷的摄像机放在身边，随
时准备拍摄，现在他已经在录像了。那些人睁大眼睛盯着我们
看，好像过去从未见过像我们这样的人。我当然也对他们瞠目
而视。我也从未见过像他们那样的人。

我惊奇地发现，和他们沟通并不困难。我试着打手势表示
我们的食物不够了。他们指指嘴巴，点点头，打开他们的网兜
给我们看他们采集的根茎作物，可能是芋头。我指指我们带的
盐巴。盐在新几内亚是通行货币。他们点点头。我们就开始交
易了。然后，劳里问他们离得最近的河流都叫什么名字。这个
意思解释起来比较困难，但他们最后明白了他的问题，开始列
举各条河流。他们知道多少条河？他们一条一条地数，先是扳
着指头数，然后用手指点着小臂、肘部，逐步移到大臂，一直
到脖子边。其实，劳里感兴趣的不是河流的名字和数目，而是
这些人表达数目用的手势。他知道这个地区其他群体的计数手

势，看了这些小个子使用的手势，他就能知道他们和其他群体有没有贸易往来。

这么交流了 10 分钟左右，他们开始挥舞手臂，表示他们要走了。我们也挥手作为回应，试图请他们明天早上再带些食物过来。然后他们就离开了。

次日早晨，他们如我们所期，带着更多的根茎又来到我们的营地。我们问能不能看看他们的营地，是不是还可以见见他们的女人和孩子。他们迷惑了一阵子（也许是勉强不愿），随后点点头，带着我们走进森林深处。我们跟在他们后面，隔着几米远的距离。路很难走。植被非常浓密。等我们绕过一棵巨树的树干后，他们失去了踪影；树的另一边也没有他们的踪迹。他们凭空消失了。我们又喊又叫，但没有回音。我们是入了埋伏吗？谁都摸不着头脑。喊了几分钟后，我们转身走回了营地。

我看到了人类曾经的生活情景——他们分成小群，所需要的一切在周围的自然世界中都能找到。他们依赖的资源自动再生。他们基本不产生废物。他们的生活方式是可持续的，与他们的环境保持着平衡，可以永远有效地维持下去。

几天后，我回到了 20 世纪，坐回了我在电视中心的办公桌后。

1978 年

世界人口：43 亿

大气层含碳量：335 ppm

未开发的荒野：55%

BBC 2 开创了一个气魄特别宏大的节目模式：制作电视系列节目，每个系列 13 集，每集 50 分钟或一个小时；一个系列详细讲解一个重要主题。推出的第一个系列特意要展示 BBC 新采用的优质彩色电视系统，所以介绍了过去 1 000 年来欧洲最美丽、最著名的画作、雕塑和建筑物。编剧是艺术史学家肯尼思·克拉克（Kenneth Clark）爵士，制作花了 3 年时间。英国有 250 万人观看了这部电视系列片，美国的观众人数更是翻了一番。电视片获得好评如潮，大为成功，于是我立即安排制作下一部，这部系列片审视了西方科学的历史。在它之后制作了一部纪念美国建国 200 周年的系列片，还有其他题材的系列片。但是我始终认为，也应该利用这个模式来讲述最伟大的故事 —— 生命本身的历史。那将是一个制片人所能希冀制作的最

启迪心智的电视系列片。我渴望制作这样的节目。但那意味着不能兼顾别的工作。然而，我当行政主管已有 8 年，自忖已经足够了。于是，我决定再次离开 BBC，然后把我这个想法作为建议提交给我的继任者。

后来我就是这样做的。我建议的系列片题材得到采纳，起名为《生命的进化》(*Life on Earth*)。组建制作团队花了一些时间。我差不多一口气写出了全部 13 集的剧本。我们招募组织了摄像团队，准备在至少 30 个国家拍摄至少 600 种不同的动物。我偶尔会出镜，讲述背景，解释复杂的理论问题，介绍新话题；或者在一个镜头里身处一个大陆，在下一个镜头里现身另一个大陆对观众继续讲述原来的故事。我得带着一队人去许多不同的地点。讲好一个故事需要旅行 150 万英里；我本人要做两次环球旅行，6 个摄像组需要不停地工作，每个摄像组去外地拍摄都一去就是几个月。我们拍摄的节目中有几集非常困难，只有在拍摄海洋浮游生物、蜘蛛、蜂鸟、珊瑚鱼、蝙蝠和几十种其他物种方面有特殊知识和技能的摄影师才能胜任。讲述生命的历史是我所执行过的最大项目，将占去我生命中接下来 3 年的时间。想想就令我兴奋期待。

计划介绍猴子和类人猿进化的关键几集中，有一集要描述对生拇指的发展。具有这个身体结构特征的动物能够抓住树枝，人则能够使用工具，最终拿住钢笔；这个能力对于人类这个物种以及人类文明的崛起至关重要。我们本可选择任何一种猴子或类人猿来做介绍，但是这一集的导演约翰·斯帕克斯（John Sparks）认定，拍摄大猩猩会给观众造成最深刻的印象。他发现，一位非凡的美国生物学家黛安·福西（Dian Fossey）在卢旺达这个位于中部非洲的国家一直在和一群罕见的山地大猩猩一道生活，使那些大猩猩对人的存在习以为常，就连陌生人——只要有黛安陪同——也可以接近它们。约翰联系了黛安。黛安研究的山地大猩猩处于严重濒危状态。卢旺达人口增长极为迅速，大猩猩栖息的山地森林被当地人砍伐开垦成了耕地。山地大猩猩只剩了不到 300 头。让它们出现在电视上也许能使世界注意到它们的困境。怀着这个目的，黛安·福西同意帮助我们。于是，1978 年 1 月，我们启程前往卢旺达。

我们降落在离黛安的营帐最近的鲁亨盖里（Ruhengeri）一个小小的机场，从那里需要在火山山坡上走好几个小时，才能到达黛安居住的高海拔森林。在机场迎接我们的伊恩·雷德蒙（Ian Redmond）是跟随黛安工作的一位年轻科学家。他告诉了我们一个很糟糕的消息。有一头年轻的雄性大猩猩自出生黛安就认识，而且特别喜欢它；它刚刚被发现死于非命，而且尸体遭到残忍的损毁。偷猎者开枪打死了它，还割下了它的头和前爪去卖给商贩，让商贩将其做成纪念品。黛安非常伤心。她也因为肺部感染而病得很厉害，所以她无法离开营地。尽管如此，她还是会尽力帮助我们。

向上走到她营地的那段路很长很难走。我们终于到达后，发现她在她的小屋里躺在床上，正在咳血。她的病情显然非常严重，但她坚持说她会好起来，能带我们去看她的大猩猩。

第二天，她依然十分衰弱，所以只能由伊恩带领我们进入森林。我从未到过这样的地方。发育不良、虬结缠绕的树木被雾气环绕着，树木下面是高达我们肩膀的巨大旱芹和荨麻。发现了大猩猩的足迹后，穿过灌木丛跟踪它们相当容易。走了一个来小时后，我们听到了前方噼里啪啦的响声，知道离目标不远了。我们小心翼翼地向前摸去，同时伊恩开始发出一连串大声的咕噜声，表示我们来了。一定不能惊到它们，否则领头的雄性大猩猩就可能会冲向我们。我们来到一处空地后，伊恩下令停步。我们现在必须在空地坐下，好让大猩猩们看到我们。它们一旦看到我们和伊恩在一起，就不会害怕了。

休息几分钟后，我们再次出发，很快追上了一家大猩猩。它们正在进食，一把一把地扯下树叶往嘴里塞。我们坐下来看着它们，大家都全神贯注，直到几分钟后它们站起来悠闲地离开。伊恩说，它们接受我们了。下次我们就可以拍摄了。

次日，我们由伊恩当向导，从打扰不到大猩猩的远处拍摄了它们的觅食活动。它们对我们完全不予注意。最后，约翰建议由我直接对着摄像机说几句话，解释一下坐得离大猩猩如此之近是什么感觉。我们慢慢地接近一群正忙着进食的大猩猩，我小心地向着它们更走近一些，直到我觉得它们能够出现在镜头的背景里。然后我就转向摄像机开讲。

"与我所知道的任何动物相比，大猩猩和我交换眼神时传达的意思和互相理解都更多，"我小声说道，"它们的视觉、听觉、嗅觉和我们如此接近，所以它们看世界的方式和我们非常相似。我们和它们都是结群生活，家庭关系基本上稳定不变。它们和我们一样在地上走动，不过它们的力量比我们大得多。所以，如果有可能摆脱人的状态，想象自己生活在另一种生物的世界中，那一定是在大猩猩当中。雄性大猩猩极为强壮，但他只是在需要保护他的家庭时才使用自己的力量，而大猩猩群体内发生暴力的情形极为罕见。因此，人用大猩猩作为侵略性和暴力的象征实在很不公平，因为侵略性和暴力恰恰不是大猩猩的特点，而是我们人类的特点。"

我希望人们知道，这些动物不是传说中的残暴野兽。它们是我们的表亲，我们应该爱护它们。可怕的事实是，我儿时在岩石中看到的灭绝进程正在这里，在我的身边发生，发生在我所熟悉的动物——我们的近亲身上。而这正是我们造成的。

第二天，我们发现那群大猩猩走得离头一天的地方不远，在一条小河另一边的岸坡上安顿了下来。马丁·桑德斯（Martin Saunders）架起了摄像机，录音师迪基·伯德（Dicky Bird）把一个小型麦克风别在我的衬衫上。约翰说，我该讲一讲对生拇指在进化方面的重要性了。

我悄悄地沿着岸坡来到小河边，过河爬到对面的岸上，到了一个我觉得马丁能用摄像机把我和大猩猩们都拍进去的地点。约翰向我举起大拇指。可是，我还没来得及张口，就觉得什么东西落在了头上。我转过脸，发现一头巨大的雌性大猩猩从紧挨着我身后的树丛里走出来，把手放在了我头上。她深棕色的眼睛紧盯着我。然后，她把手从我头上移开，向下拉开我的下唇往我嘴里看。我心里说，这可不是谈论对生拇指在进化方面的重要性的好时机。然后，有什么东西落在了我的腿上。两个大猩猩宝宝正坐在我的脚上摆弄我的鞋带。

我不知道这段互动持续了几分几秒，肯定有几分钟的时间。狂喜令我的大脑一片混沌。然后，大猩猩宝宝玩腻了我的鞋带，走开了。它们的妈妈看着它们，然后费劲地站起来，慢慢地跟着它们走开。

我爬回摄影队员身旁，心中洋溢着非凡的得意。

次日早上我们该离开了。向黛安告别时，她要我答应尽力筹款，来帮助保护她如此关心的这些奇妙的生物。我回到伦敦的第二天就开始了筹款工作。

*　*　*

我们拍摄了世界上最大的灵长类动物。我觉得,《生命的进化》也应该拍摄鲸这种有史以来最大的生物。

数千年来,都有勇敢的人划着独木舟,仅靠手中的鱼叉猎捕巨大的鲸。一开始,鲸占据力量优势。它们不仅比捕猎它们的人类巨大得多,而且能够在几秒钟内潜入水中,逃往大洋深处。然而,到了 20 世纪,力量平衡剧烈地倾斜到另外一边。人类发明了追踪鲸的办法,还向它们发射带有爆炸箭头的鱼叉。人们在水上和陆地上建起了工厂,一天之内就能加工好几头鲸的巨型尸体。捕鲸实现了工业化。到我出生之时,每年都有 5 万头鲸被杀,以满足市场对鲸油、鲸肉和鲸骨的需求。

鲸最早从在陆上生活的动物进化而来。陆地动物的身体大小受骨头的机械力量所限,超过一定体重后,骨头就会断裂。然而,水中生物有水的浮力支撑,所以鲸可以长得比任何陆地动物都大得多。它们也的确长成了庞然大物。鲸的鼻孔移到了头顶,前肢和尾巴变成了鳍,后肢最终消失了。几千万年中,数十万头鲸在世界各地的海洋游弋,是大洋复杂的生态系统中的重要分子。

大洋中对生命的一个关键限制因素是养料的有无。条件好的地方,植物和动物生活在海洋表层的水中,它们死后的尸骸作为"海洋雪"（marine snow）不断下沉。养料不充分的地方，海洋表层几乎没有生物。正如陆地植物除了阳光和水也需要肥料一样，浮游植物群落作为海洋食物网的光合基础，在海洋表面阳光照得到的水中也需要氮化合物才长得好。海洋中有些地方，腐烂分解的海洋雪被流过海山和海岭的洋流搅动，还被带着向上流动，这些地方的浮游植物群落就生长茂盛，鱼自然也多。但是，若不是由于鲸的作用，大洋的其他地方依旧会是广袤的蓝色沙漠。鲸体积巨大，它们潜入大海深处去进食，或浮到海面上来呼吸的时候，会造成周围海水的巨大波动。这帮助把养料留在离海洋表面不远的地方。鲸的排泄物也大大增加了周围海水中的养料。现在我们认识到，经常被称为"鲸鱼泵"（whale pump）的鲸排便行为是维持大洋养分充足的一个重要过程。的确，现在认为，在海洋的某些区域，鲸给海洋表层带来的重要养料比注入大海的当地河流都多。[9]全新世的海洋需要鲸来帮助它保持生命力和生产力，而在 20 世纪，被人杀死的鲸已近 300 万头。[10]

再这么猎捕下去，鲸就坚持不了多久了。如果有机会的话，鲸的寿命可以很长。抹香鲸能活 70 年。雌鲸 9 岁才性成熟。鲸的孕期为 1 年以上，每隔 3 年到 5 年才产一次崽。随着工业化捕鲸的效率越来越高，捕鲸人总是选最大的鲸猎杀，因为鲸身体越大越值钱。鲸的出生率赶不上死亡率。

开始计划拍摄《生命的进化》时，就我们所知，此前从未有人拍摄过在大洋中活动的蓝鲸。我们想改变这种情况。可是，20 世纪 70 年代，蓝鲸的数量从工业化捕鲸开始前的大约 25 万头降到了区区几千头。它们散布在广阔的海洋里，还要躲避捕鲸者的追击，找到它们几乎是不可能的事。

于是，我们去了夏威夷附近的海面寻找座头鲸。为了找到它们，我们在工具箱里加上了一件工具——水下测音器。美国生物学家罗杰·佩恩（Roger Payne）原来专门记录蝙蝠发出的超声波，20 世纪 60 年代后期转而调查美国海军声称听到的大洋中的歌声。美国海军为监测苏联潜艇建立了监听站，结果除了潜艇特有的螺旋桨声音之外，他们还听到了奇怪的声调，几乎像小夜曲一样悠扬。佩恩发现，这些声音的主要来源是当时尚存的约 5 000 头座头鲸。他的录音显示，座头鲸的歌声曲调悠长、音韵复杂、频率很低，可以在水下传到几百千米以外。生活在海洋同一区域的座头鲸互相学唱歌。每首歌都有一个主调，每头雄鲸在此基础上又加上自己特有的音调。这些歌调随着时间的推移而发生变化。可以说，鲸有一种音乐文化。

20 世纪 70 年代，佩恩发表了他的录音的黑胶唱片，引起轰动，大大改变了公众对鲸的看法。这些原来仅仅被视为动物油脂来源的生物现在有了自己的个性。它们悲哀的歌声被解读为求救的呼喊。在 70 年代那种高度敏感的政治气氛中，公众

的良知突然被深深触动。反捕鲸运动开始时只有几个激情投入
的支持者，后来迅即发展为主流运动。历史上人类多次把动物
猎杀至绝种，但现在，猎杀动物的行为被勇敢的反捕鲸人士用
手持录像机拍摄下来，那些摇晃不稳的影像被公之于众，成为
不可接受的行为。鲜血染红的海面和工厂里的宰杀再也无法隐
瞒，宰鲸从收获变成了犯罪。

　　谁也不想让动物灭绝。人们对自然世界的了解逐渐增多，
对它的关心也开始加深。电视是一种手段，可借以帮助世界各
地的人了解并关心自然世界。

＊　　＊　　＊

　　经过 3 年的努力，《生命的进化》于 1979 年播出。它卖给
了世界各地 100 个国家和地区，观众据估计达到 5 亿人。这部
系列片以我所谓的"丰富多彩的物种"（The Infinite Variety）为
序篇，对动物和植物的多样性做了概述，在全片伊始就阐明，
多样性是生命存在的关键条件。接下来的 11 集显示了这种多
样性形成过程中的曲折起伏，最后的第 13 集则聚焦于一个物
种 —— 我们自己。

　　我不是说人类与动物王国的其他成员有什么不同。我们并
不处于特殊地位。我们并非进化过程中上天注定的最终顶端，

而只不过是生命之树上的又一个物种。尽管如此，我们摆脱了限制着所有其他物种的许多束缚。所以，在系列片的最后一集，我站在罗马的圣彼得广场上一大群来自世界各地的智人中间，试图说明这一点。

"你和我，"我说道，"属于地球上分布最广、占主导地位的物种。我们生活在北极的冰盖上，也生活在赤道的热带丛林中。我们爬上了最高的山峰，也潜入了深深的海底。我们甚至离开地球登上了月球。我们肯定是数目最多的大型动物。今天，世界上有 40 亿我们的同类，而且我们是以彗星般的速度达到这个数字的。这一切都发生在过去 2 000 年左右的时间里。我们似乎打破了其他动物在活动和数目方面受到的限制。"

我那时 50 多岁，比起我出生的时候，地球上的人数翻了一番。我们与地球上的其他生命越来越隔绝，过着与其他动物不同的、人类特有的生活。我们几乎消灭了所有以我们为食的食肉动物。我们的大多数疾病都受到了控制。我们发展出了想吃什么就生产什么的办法，过着极为舒适的生活。我们和地球生命历史中的所有其他物种不同，没有进化中物竞天择的压力。我们的身体 20 万年来没有大的改变，但我们的行为和社会却与周围的自然环境日益脱节。没有什么能限制我们。没有什么能阻止我们。除非我们自己停止，否则我们会继续消费地球的物质资源，直至将其耗尽。

黛安·福西富有勇气的工作、反捕鲸运动的成功、彼得·斯
科特（Peter Scott）对夏威夷雁的拯救、阿拉伯羚羊的重归自
然、老虎保护区在印度的成立 —— 日益壮大的自然保护大军在
全力筹集资金，力推保护珍稀物种的政策，然而他们所做的这
一切都还不够。智人的欲求永无止境，下一个阶段的到来遂不
可避免。很快，整个栖息地就将开始消失。

1989 年

世界人口：51 亿

大气层含碳量：353 ppm

未开发的荒野：49%

1956 年 7 月 24 日，我在为拍摄《动物园探奇》而第三次旅行的过程中，第一次见到了红毛猩猩。与野生大型猿类的初次邂逅令我难以忘怀。那是一头巨大的雄性猩猩，他那毛茸茸的红色身体在枝头荡来荡去，他还好奇地、似乎有些不屑地低头注视着我。我们拍摄的影像很不清楚。他半掩在枝叶中，从地面望上去只能逆光看到他的身影，但是就我所知，以前电视上从未有过野生环境中红毛猩猩的镜头。那时我们在东婆罗洲马哈坎河（Mahakam River）中游的一家旅舍落脚，当地的猎人为我们找到了这头猩猩。我们离去时，一个猎人向它开了一枪。我大怒转身，质问他为什么那么做。猎人回答说，红毛猩猩抢夺他的庄稼，那是他一家人的口粮。我凭什么说他不该开枪？

　　雨林是特别宝贵的栖息地，是世界上生物多样性最丰富的地方。我们星球陆地物种的一半以上都栖息在雨林那绿色充盈的深处。雨林生长在湿润的热带地区,淡水和阳光这两种几乎所有植物都需要的资源在那里十分丰沛。在赤道附近,太阳每天照耀 12 个小时,丝毫不差,所以一年中实际上没有季节之分。气流从热带各地收集了水分,每年以多达 4 米的降水量浸湿雨林。雨林也制造自己的水循环 —— 每天清晨,随着初升的温暖的太阳逐渐变成当空高照,数万亿片树叶蒸发的水分形成升腾的雾气,最终变成雨水再次洒向大地。

这些地方超级适合植物生长,结果造成了地球上对于空间的最大、最激烈的竞争。高耸入云的巨树高达 40 米,粗大的树枝四外伸展着抢夺阳光。这些树木共同创造了陆地上的罕见奇景 —— 真正的三维栖息地。浓密的树冠下,树枝成了不会飞的动物到达森林各处的高速公路。大树之下的黝黯地面上,缠绕在一起的巨大树根和细小须根使粗大的树干得以稳稳矗立。数以千计的其他植物以多种多样的方式存活成长。有的从下面沿树干攀爬到树顶去争得太阳下的一席之地。有的可能还是种子的时候就被鸟儿带到巨大的树枝上,在那里安下身来。还有的生活在接近地面相对黝黯的地方,从地上覆盖的厚厚腐叶层中吸收营养,借以缓慢生长。

在这样的植被中,到处都是动物。身体小的物种比身体大的多得多。有数不胜数的无脊椎动物、小型哺乳动物和鸟类,有吃种子的，有啃树皮的，有吸树汁的，有舐花蜜的，有叼果子的，还有咬叶子的。对于试图一探究竟的博物学家来说，这些动物互相依存的生活永远那么奇妙迷人。有些黄蜂一生大部分时间都在细小的无花果里度过；有些蓟马把自己卷在花瓣里；有些蝌蚪在花瓶状植物的粉囊里游泳；还有些蜥蜴身上的皮活像流苏和破布，它们以此为伪装，趴在树干上如果不动就完全看不出来。在热带雨林中，进化的创新和实验蓬勃兴盛。

热带没有季节，雨林因而似乎不受时间影响，这对生物多样性特别有利。既然植物的生长没有一年中气候变化的打扰，它们可以在任何时候开花、成果、结籽。有些树几乎是不停地结果。另一些树种则要过几个月，甚至几年才突然开花结果。所以，在热带雨林里，传粉、吃果、收集种子不像在北方和南方的森林里那样是季节性的活动。一年到头都食物充足，供属于几十个不同物种的数十个甚至上百个动物种群尽情享用。数百万物种中的大部分动物数量不多，活动范围有限，许多发展为高度特化的动物。一种昆虫可能只吃一种植物，只待在一种树上。结果是复杂得令人迷惑的互联关系 —— 每一个物种都是整体的重要组成部分。

在我的记忆中挥之不去的那头红毛猩猩就是一个例子。这个物种广泛分布在婆罗洲和苏门答腊的森林里，对于多个冠如华盖的树种的种子传播起着关键作用。红毛猩猩一胎只生一

个，猩猩妈妈带崽长达 10 年之久，教小猩猩何时以及如何采摘数十种不同的果子。红毛猩猩是大型动物，又几乎完全素食，所以它们每天的食量很大，只得不停地到处寻找成熟的水果。水果的籽有的被它们当场吐出，有的被它们吃进肚里，几天后再随粪便一起排泄在几千米以外的地方。这两个方法都增加了种子发芽的机会，甚至是一些种子发芽的必备条件。

热带雨林中丰富的生物多样性靠的是树木的多种多样。可这个特点正在我们人类的手中消除。多年来，我为了制作节目，多次到过东南亚的森林。从 20 世纪 60 年代起，先是马来西亚，然后是印度尼西亚，这两国开始用油棕这个单一树种来取代它们国内原本生物多样性丰富得令人目眩的热带雨林。我 1989 年因拍摄《生命的考验》(*Trials of Life*) 系列片到访马来西亚时，那里已经开辟了 200 万公顷的油棕种植园。我记得沿着一条河找寻长鼻猴，周围是熟悉的绿色屏障，枝叶中时时有鸟儿飞出。我自我安慰地想，也许一切都还好。但是，我返程乘飞机越过那个地区时，看到了那片雨林的真实状况：它仅剩了沿河约半英里宽的窄窄一条。它的宽度如此狭窄，又缺乏保护，无疑每天都在退化。森林的另一边是我在空中极目远望都看不到边的单一树种——栽得整整齐齐的一排排油棕。

如此丰富宝贵的森林的消失令人扼腕痛惜。东南亚人不过是在步欧洲人和北美人的后尘。今天，欧美大陆的卫星图像显示大地上有一小块一小块的深绿色森林，在大片耕地的包围中如同一个个孤岛。事实是，砍伐森林一直是双重获利的事。伐木能够获利，清林垦田又能再次获利。难怪智人如此坚决地快速摧毁森林。据估计，与人类文明开始时相比，现在世界上的树少了3万亿株。[11] 今天发生的事不过是数千年来全球毁林过程中的最新一章。

现在轮到了雨林。如同20世纪下半叶（也是我的后半生）所发生的一切，人类活动的规模和速度逐年递增。世界上一半的雨林已经消失。婆罗洲的红毛猩猩没有森林无法存活，而自从我60多年前第一次看到红毛猩猩以来，它们的数量已经减少了2/3。[12] 找到并拍摄红毛猩猩仍然很容易，不是因为它们数量多，而是因为许多红毛猩猩现在集中于保护区和康复中心，生活在动物保护人员的悉心照顾之下，这些人对周围生态的迅速消失感到无比警惕痛心。

我们不能永远砍伐雨林，而根据定义，任何不能永远做的事都是不可持续的。如果我们做不可持续的事，造成的破坏积累到一定程度，就会导致整个系统的崩溃。没有哪个栖息地是安全的，无论它有多大。

1997 年

世界人口：59 亿
大气层含碳量：360 ppm
未开发的荒野：46%

所有栖息地中，最大的是海洋。它覆盖了地球表面的70%以上，但因为它巨大的深度，它所占地球的可栖居面积达到97%。几乎可以肯定，地球上的生命是从海洋中开始的，可能最初是生活在海面下几千米深的洋底热喷泉周围水中的微生物。30亿年的时间里，这种简单的单细胞生物经历了自然选择过程，不断改进它们的细胞内部运作。细胞用了15亿年才形成可与人类细胞构造相比的复杂结构；又过了15亿年，这些细胞才聚集起来形成多细胞有机体，开始协调运作。[13]

　　这些早期海洋微生物在新陈代谢中释放的一种副产品是甲烷。甲烷形成泡，浮到海面，缓慢地改变着地球的大气层。那时，地球的温度比现在低很多。甲烷这种温室气体比二氧化碳的力量强25倍，它在大气中的存在导致地球开始变暖，帮助了生命的繁殖。

后来，一种叫作蓝细菌的微生物开始形成光合作用，利用日光的能量发展自己的机体组织。这一进程释放的气体——氧气——造成了一场革命。氧气成为标准养料，通过它可以用高效得多的方法从食物中吸取能量，因而它为一切复杂生命的出现铺平了道路。今天漂浮在海洋表层的浮游植物群落中，很大一部分仍然是蓝细菌。你和我，以及与我们共同生活在陆地上的所有动物归根结底都是海洋生物的后代。我们的一切都是海洋给的。

20世纪90年代晚期，BBC自然史组的制片团队建议制作一部专门介绍海洋生物的系列片。他们给这个系列片起名为《蓝色星球》(*The Blue Planet*)。海洋是最艰难、最耗资的拍摄环境，也可以说是最不易记录动物行为的地方。天气恶劣、海水浑浊、在茫茫大海里找不到动物的踪影等因素都能令摄影人员忙碌一天而一无所获。但是，海洋也使我们得以从新的、意想不到的角度来观察自然世界。首位在电视上展示海洋世界的是一位名叫汉斯·哈斯(Hans Hass)的维也纳生物学家，他和妻子洛特(Lotte)一起在红海拍摄了介绍海洋的影片并在电视上播放。在他之后是发明了水肺(demand valve)的库斯托船长(Captain Cousteau)，水肺是使人能在水下呼吸的装置，至今仍至关重要。库斯托船长年复一年地在世界的海洋各处不懈拍摄。然而，即使这些先驱做了大量工作，比陆地生命种类多得不知凡几的海洋生命依然很少展示在世人眼前。

《蓝色星球》的制作耗时近 5 年，拍摄地点近 200 个。专业水下摄影师拍下了在珊瑚礁上求偶的乌贼、扎进水下茂密的海带丛中寻找虾蟹贝类的海獭、为争夺空壳大打出手的寄居蟹、聚在太平洋底的一座海山旁产卵的数百头锤头鲨，还有也许是最难拍摄到也最奇妙的——旗鱼和蓝鳍金枪鱼在大海中猎食的景象。我们使用深水潜水器在海底平原上寻找新的物种，观察盲鳗如何把一头灰鲸的尸体撕成碎片。我负责提供解说。

一个团队使用一架微型飞机花了 3 年时间拍摄一头在大洋上游弋的蓝鲸。那是这个系列片中的第一集。我们终于拍到了蓝鲸，它是我们星球历史上最大的动物，我们以前几乎从未见过它活着时的样子，对它可说是一无所知。但是，也许《蓝色星球》最大的成功是展示球状鱼群的那几集，那种大自然的壮观奇景不逊于塞伦盖蒂草原上的任何景象。金枪鱼把饵鱼团团围住，将它们挤向水面，在它们周围一圈圈地游动，迫使惊慌失措的饵鱼紧紧挤在一起，形成一个圆球。然后，金枪鱼开始攻击了，以闪电般的速度从四面八方冲向圆球。成群的鲨鱼和海豚在白沫翻腾的海中飞扑过来加入争抢。海豚从下面进攻，用泡沫的幕墙进一步压缩球状鱼群的空间。然后，就在你以为骚动将要平静下去的时候，鲣鸟到来了，从空中扎下来，掠过水

面把鱼叼走。最后，可能会出现一头鲸，用它那屏斗形的大嘴铲起剩下的饵鱼。

此种抢食球状鱼群的情况一定每天都在大洋各处发生数千次，然而以前从来没有人在水下看到过这种情景。它们是最难预测，因而也最难拍摄成影片的自然事件。在某种意义上，拍摄人员和金枪鱼、海豚、鲨鱼和鲣鸟是一样的，都在等待转瞬即逝的"热点"突然出现：巨大的一团浮游生物，聚在一起吸取上升洋流从海底深处带上来的大量养料。这种集群吸引了几百千米以外的大群小鱼。饵鱼一旦达到足够的密度，就到了掠食者出击的时候。一时间，疯狂的骚动搅得海水一片翻腾。为了拍摄这一景象，摄影队总是在追赶，总是在极目远望，寻找急速冲向海面的鸟或目标明确地游向某处的海豚群。有 400天的时间，《蓝色星球》的摄影人员没看到一点儿聚食的迹象。在海里热闹起来的少有的几天中，他们必须赶到现场，在球状鱼群被吞食一光之前潜到其下方。这样的行动风险很大，但成功后拍摄到的景象是无与伦比的。

捕鱼是猫和老鼠的游戏，世界各地沿海一代又一代的渔民把这个游戏玩得越来越熟练。人类一如既往，靠着解决难题的无上能力，发明了花样繁多的捕鱼方法。我们造出了专门适应特定海域和天气的渔船，设计发明了各种导航设备，从简单的海图到在狂风骇浪中仍能保持准确性的航海天文钟。要预测何处会出现海洋生物热点，可以借鉴老渔民的记忆，或者使用高科技的回声测深器。为了捕鱼，我们发展出了在水中向前推的网、随洋流漂动的网、围住鱼群后在下方收口的网、从上方撒向海面的网和沉下去从海底往上刮的网。我们测量了整个海洋的深度，绘制了隐藏在海底的海山和大陆架的地图，好知道在哪里等待鱼群。我们划着舢板和独木舟捕鱼，也驾驶着能在海上游弋好几个月的渔船在数英里长的洋面布下天罗地网，一次起网就能捕获数百吨鱼。

我们的捕鱼技能太强了，而且我们的技能不是逐渐加强的，而是跃升的，正如捕鲸和对热带雨林的破坏。指数级的进步是文化演进的特点。发明有积聚效应。如果把柴油机、卫星定位系统和回声测深器放在一起，它们创造的机会不是用加法，而是用乘法来算的。但是，鱼类的繁殖能力是有限的。结果，我们在许多沿岸海域都达到了过度捕捞的程度。

20 世纪 50 年代，大型商业渔船队首次进入国际水域。在法律上说，公海不属于任何人，可以不受限制地尽数捕捞。开始时，渔船在基本没有经过捕捞的海上操作，每次都满载而归。但是，没出几年，在原来捕鱼的海域中就几乎网网落空，打不到鱼了。于是，船队转而驶向别处。反正海洋不是广阔无垠、无边无际的吗？查一下多年来的捕捞数据，就可以看到海洋上一片又一片区域的鱼群是如何被扫清的。到 20 世纪 70 年代中期，有鱼可捕的地区只剩下硕果仅存的几个：澳大利亚东部附近海域、南部非洲海域、北美东部海域和南大洋。[14] 到 20 世纪 80 年代初，全球渔业已几乎无利可图，拥有大型渔船队的国家不得不为船队提供财政补贴，等于是付钱给船队让它们去过度捕捞。[15] 到 20 世纪末，人类消灭了全世界海洋中 90% 的大鱼。

捕捞海洋中最大、最宝贵的鱼类造成的破坏尤其大。被除去的不仅是金枪鱼和剑鱼这些位于食物链顶端的鱼，还有各种鱼群中个头最大的鱼，如最大的鳕鱼、最大的鲷鱼。鱼的身体大小非常重要。生活在海洋中的大多数鱼一直在不停地长大。雌鱼的生殖能力与其身体大小直接相关。大的雌鱼产的卵多得超出比例。所以，我们捕光了一定体积以上的鱼，就去除了鱼群中最有效的繁殖者，使鱼群很快消失。鱼群密集的海域现在已经没有大鱼了。

从大海中把整个鱼群捕捞一空是不计后果的鲁莽做法。海洋食物链的运作方式与陆地食物链很不一样。陆地食物链可能只有 3 个环节——从青草到角马再到狮子。海洋食物链的环节动辄 4 个、5 个，甚至更多。微型浮游植物群落被肉眼几乎看不到的浮游生物吃掉，浮游生物则被小鱼吃掉，小鱼再被身体和嘴巴更大的鱼吃掉，以此层层类推。我们在球状鱼群中就看到了这条长长的食物链；它能够自我维持，自我管理。如果一种中等体积的鱼因为成了我们的盘中美食而消失了，那么食物链中处于它们下方的小鱼就可能变得数量超多，而处于它们上方的鱼则可能会饿死，因为那些较大的鱼不能以浮游生物为食。结果，在热点发生的那种短期的、保持着微妙平衡的生命大爆发变得越来越少。养料从海洋表层的水中下沉，坠入并留在黝黯的海洋深处；这是几千年来生活在水面的生物群彻底的损失。热点一旦开始减少，广阔的海洋就开始失去生机。

事实是，一直以来，我们因为人口的增多而被迫不断提高捕鱼的效率。每一年，我们都要养活更多的人，捕到的鱼却在减少。根据以往的记录和报道，在仅比今人的记忆稍早一点的19世纪末20世纪初，海洋的样子和我们今天所看到的截然不同。在老照片中，人们站在齐大腿深的鲱鱼堆里。发自新英格兰的报道描述说，那里的鱼群如此之大，离岸边如此之近，当地人会蹚进海里，用吃饭用的叉子去叉鱼。在苏格兰，渔民放下安有400个鱼钩的绳索，收起来时几乎每个鱼钩上都挂着比目鱼。[16] 我们不久以前的祖辈只用简单的鱼钩和棉线织成的渔网捕鱼。现在，我们使用的技术令他们瞠目结舌，却为了捕捞到能吃的海产而费尽九牛二虎之力。

今天，海里的鱼少了。由于一个称为基线移动综合征（shifting baseline syndrome）的现象，我们没有意识到这个问题。每一代人都根据自己的经历来界定什么是常态。我们判断海洋的出产，依照的是今天我们所知的鱼的数量，因为我们不知道过去的数量。我们对海洋的期望越来越小，因为我们自己从未见过它曾经丰富的出产，也不知道它可以再次成为富饶之海。

* * *

与此同时，浅海的海洋生命也在瓦解。1998 年，《蓝色星球》的一个拍摄组无意间看到了一个当时并不广为人知的现象 —— 珊瑚礁正常的柔美颜色正在褪成白色。刚看到时，你也许觉得这景色很美丽 —— 枝状、羽状和叶状的珊瑚洁白无瑕，如同精致的大理石雕像 —— 但你很快就意识到，这其实是悲惨的一幕。你看到的是骸骨，是生物死去后留下的骸骨。

珊瑚礁是由一种叫作珊瑚虫的简单动物建起来的。珊瑚虫和海蜇有点亲戚关系，它的身体结构很简单，只有一根胃管，顶端连着嘴巴，嘴巴周围有一圈触须。触须上长着带刺的细胞，有微生物从身边经过就将其刺中送进嘴里，然后嘴巴闭上，消化完了猎物后，珊瑚虫又张开嘴巴准备吃下一餐。珊瑚虫建起碳酸钙的外墙来保护自己柔软的身体，不致被饥饿的掠食者吃掉。最终，这些外墙成为坚硬如石的巨大结构。每一种珊瑚虫都有自己特有的建筑形式。这样的结构越长越大，形成了大片坚硬的珊瑚礁。最大的珊瑚礁"大堡礁"位于澳大利亚东北部海域，从太空中都看得见。

探察珊瑚礁与在陆地上观察野生动物的经历有着根本的不同。从你潜入水中的那一刻起，你的身体就不再受地球引力的约束。想朝哪个方向去，只需轻轻一拨脚蹼即可。你身下的珊瑚五颜六色，如同在空中俯瞰的一座宏伟多彩的城市，伸向远方，直到消失在蓝色的海水中。聚焦珊瑚，可以看到其间生活着各种千奇百怪的动物，有色彩斑斓的鱼，还有一丁点大的章鱼、海葵、龙虾、螃蟹、身体透明的虾以及各种各样见所未见、闻所未闻的生物。它们都美得如梦似幻，除了就在你身边的生物，其他的完全不在意你的存在。你在它们上方漂浮着，为眼中美景所痴迷。如果它们看到你，而你一动不动的话，它们可能会游上前来，甚至啃咬你的手套。

珊瑚礁的生物多样性可与热带雨林媲美。它们也是存在于三维空间里，和在丛林中一样，为生命带来了丰富的机会。不过，珊瑚礁的居民要艳丽得多，也好找得多。如果你和我一样，在雨林里待了几个星期后，就会开始到处寻找鹦鹉和花朵，只是因为想看一看绿色调以外的其他颜色。而由小鱼、虾、海胆、海绵和浑身长满触角的无壳软体动物海参组成的整个海下动物群犹如被想象力丰富的小学生染了色，呈现出深浅不一的粉、橙、紫、红、黄等缤纷色彩。

珊瑚的颜色不是来自珊瑚虫，而是来自生活在珊瑚虫身体组织内部的一种叫作虫黄藻的共生性海藻。这些海藻和其他植物一样，能产生光合作用。所以，珊瑚虫和居住在它们身上的虫黄藻这一对伙伴两头通吃，植物和动物的好处都享受不误。白天，这个联合体沐浴在阳光下，虫黄藻利用日光制造糖分，为珊瑚虫提供其所需能量的 90% 之多。夜里，珊瑚虫继续捕捉猎物。虫黄藻从珊瑚虫的大餐里吸取自己活动所需的营养，珊瑚虫则继续把碳酸钙墙建得更高更大，好使自己的居所总能照到阳光。这种互利的关系把养料贫乏的温暖浅海变成了生命的绿洲。但是，这个绿洲的平衡很不牢固。

《蓝色星球》摄影队看到的白化现象之所以发生，是因为珊瑚受到压力，把自己身上的海藻排斥出来，暴露出白色的碳酸钙骨骼。没有了海藻，珊瑚虫随之萎缩。海草开始侵占原来珊瑚的地盘，把珊瑚骨骸严严实实地闷在下面。珊瑚礁就这样以惊人的速度从仙境变为废土。

起初，谁也不知道珊瑚变白的原因。一段时间过后，科学家才发现珊瑚白化经常发生在海水迅速变暖的地方。气候学家一直警告说，如果我们继续使用化石燃料，因而增加大气层中的二氧化碳和其他温室气体，我们的星球就会变暖。我们知道，这些气体将太阳的能量锁在接近地球表面的地方，产生温室效应，给地球增温。大气中碳含量的重大变化是地球历史上所有 5 次大规模灭绝的共同特征，也是造成 2.52 亿年前的二叠纪大灭绝那次最大规模的物种消失的主要因素。造成那次大气层含碳量变化的确切原因仍有争议，[17] 但我们知道，地球历史上时间最长、面积最大的一次火山喷发在持续了 100 万年的时间里越来越强烈，把今天的西伯利亚覆盖在 200 万平方千米的岩浆之下。岩浆也许顺着地面的岩石缝隙流到了地下的大片煤田，结果引发大火，将大量二氧化碳释放到大气中，导致地球温度升至比如今的平均气温高 6 摄氏度的水平，并加重了整个海洋的酸化。海洋变暖加大了所有海洋系统的压力，随着海水酸度的增加，有碳酸钙外壳的海洋物种，如珊瑚和大部分浮游植物群落，直接被溶解了。整个生态系统不可避免地陷入崩溃。地球上 96% 的海洋物种就这样消失了。

20 世纪 90 年代《蓝色星球》摄制期间，一场类似的海洋大灭绝的第一阶段正在展开。它令人惊骇地表明，人类现在有能力大规模消灭生物。不仅如此，我们这样做时甚至没有进入海里。这和摧毁一片雨林不同。砍树是要费力气的。而至于海洋，我们在几千英里之外从事的活动所产生的影响会改变海洋的温度和化学成分，因此，我们甚至没有到场就破坏了远方的海洋生态系统。

二叠纪期间，100 万年空前的火山喷发才造成了海洋的毒化，而我们在不到 200 年的时间里就开始再次毒化海洋。通过燃烧化石燃料，我们在短短几十年内释放了史前植物在数百万年间吸收的二氧化碳。生命世界从来就无力应付大气层含碳量的大幅度升高。我们对煤炭、石油和天然气的依赖正在打破我们环境的良性平衡，终将触发类似大规模灭绝的事件。

　　然而，直到 20 世纪 90 年代，在海面以上却很少有确凿的证据证明大难即将来临。虽然海洋在变暖，但全球的气温相对稳定。从中达成的推论令人震惊：气温没有改变是因为海洋正在吸收全球变暖产生的大部分热量，因而掩盖了我们对环境的影响。很快海洋就不再能继续吸收热量。变白的珊瑚如同煤矿里的金丝雀，警告我们爆炸即将发生。在我看来，它是第一个明确无误的迹象，显示地球的平衡正在被打破。

2011 年

世界人口 : 70 亿

大气层含碳量 : 391 ppm

未开发的荒野 : 39%

我接下来参与制作的大型系列片《冰冻星球》(Frozen Planet)介绍的是位于地球两端的北极和南极的大片荒野。2011年,世界的平均气温已经比我出生时高了0.8摄氏度。这个变化速度是过去1万年以来最快的。

　　过去几十年间,我到过好几次极地。那里的景色与地球上其他地方迥然不同,生活在那里的物种适应了当地极其艰苦的条件。但是,那个世界正在变化。我们注意到,北极的夏季在变长。融冰比以前开始得早,结冰却比以前到来得晚。摄影队到达拍摄现场,本以为能看到大片的海冰,实际看到的却是浩渺的海水。几年前还长年被海冰包围的岛屿,现在能划船登岛了。卫星图像显示,北极夏季时的海冰面积30年内缩小了30%。世界上许多地方的冰川都在以有记录以来最快的速度后退。[18]

夏季融冰仍在加速。气温升高，拍打着浮冰边缘的海水变暖，致使冰融化得更快。冰化了，地球两极的白色区域随之缩小，于是深色的海洋从太阳那里吸收的热量更多，造成正反馈效应，进一步加速了冰的融化。上一次地球达到今天的温度时，冰比今天少得多。融冰有时间差，起步缓慢，但一旦开始了，就不可能停下来。

我们的星球需要冰。海冰向水的一面长着海藻，它们靠透过冰面的日光维持生命。海藻为无脊椎动物和小鱼提供食物，而在北极和南极这两处可跻身于世界上物产最丰富的海洋之列的地方，无脊椎动物和小鱼构成了食物链的最底层，为鲸、海豹、熊、企鹅和许多其他鸟类提供赖以生存的食物。这两处冰冷但物产丰富的海洋也使人类受益匪浅。每年都有数百万吨鱼类在北极和南极被捕捞上来，送往世界各地的市场。

极地夏季气温升高导致无冰期延长，这对于以北极海冰为平台来捕猎海豹的北极熊来说不啻一大灾难。夏季，北极熊在北冰洋的海滩上懒洋洋地逛来逛去，靠自己的脂肪储存维持着生命，等待海水再次结冰。随着无冰期的延长，科学家发现了一个令人担忧的趋势。怀孕的母熊由于体内储存用尽，生出的幼崽比过去小。很可能将来有一年，夏天又延长一点点，造成那年出生的幼崽身体太小，熬不过它们出生后第一个北极的冬季。那样整个北极熊种群就会崩溃。

在大自然各种复杂的系统中，像这样的临界点比比皆是。达到某个门槛时常常没有任何预警。它将触发突如其来的剧变，形成一种与以往不同的新局面。逆转改变的方向也许是不可能的，因为也许已经失去了太多，也许太多的组成部分已经被打乱。避免这种大灾难的唯一办法是密切留意北极熊新生崽身体变小这类预警信号，认识到这类信号的严重性并迅速采取行动。

沿俄罗斯的北冰洋海岸向前，还能看到另一个信号。海象的主要食物是生长在北冰洋海底几个特定地点的蛤蜊。在潜水觅食的间隙中，海象会爬到海冰上休息。可是，现在供它们休息的海冰都融化了，结果它们只得游往远处的海滩。合适的休息地点寥寥可数。于是，占太平洋海象总数 2/3 的数万头海象只能挤在同一片海滩上。密密麻麻的海象挤得喘不过气来，有些海象只得顺着岩坡爬到悬崖顶上。离开海水的海象视力很弱，但悬崖下方大海的气味是清楚无误的，所以它们就试图抄近路进入大海。一头 3 吨重的海象从悬崖上翻滚下来摔死的景象令人难以忘怀。不必是博物学家也能知道，出了灾难性的大乱子。

2020 年

世界人口：78 亿
大气层含碳量：415 ppm
未开发的荒野：35%

我们造成的影响现已实实在在地扩展到全球。我们对我们的星球盲目鲁莽的攻击正在改变生命世界之根本。这就是2020年我们星球的处境。[19]

我们每年从海洋中捕捞超过8 000万吨海产，使30%的鱼类种群减少到危急水平。[20]海洋中几乎所有大型鱼类都被捕捞罄尽。

我们失去了世界上大约一半的浅水珊瑚，几乎每年都发生重大的珊瑚白化事件。

我们对沿海地区的开发和我们经营的海产养殖业已使红树丛和浒苔场缩小了30%以上。

海洋各处，从海水表层到最深的海沟，都发现了我们制造的塑料碎片。由于洋流造成的表层海水的循环，目前在太平洋北部漂浮着一座由 1.8 万亿块塑料碎片组成的巨型垃圾山。在其他海域，类似的循环正在形成另外 4 座垃圾山。

塑料正在入侵海洋食物链，90% 的海鸟胃中有塑料碎片。阿尔达布拉（Aldabra）是个自然保护区，很少有人能获准进入。我 1983 年为摄制《活力星球》（*The Living Planet*）登上这个岛屿时，沙滩上唯一值得一提的杂物是海椰子树上落下的一个个大椰果。最近，又有一个摄影队去了那个岛。他们发现，沙滩上到处都是人类制造的垃圾。生活在岛上的巨龟有的已经活了一个多世纪，现在它们不得不从塑料瓶、油罐、桶、尼龙网和橡胶制品中间爬过。

地球上没有一处海滩没有人类的垃圾废料。

淡水水系和海洋一样，也受到了威胁。人类在世界上几乎所有具有一定规模的河流上都建造了大坝，数量超过 5 万座，拦住了河水的自由流动。水坝也能改变水温，打乱鱼类洄游和繁殖的时间节奏。

我们不仅向江河中随意倾倒垃圾，也由于在河流经过的土地上使用化肥、农药和工业化学品而使这些东西最终排入江河之中。许多河流是地球上环境污染的重灾区。我们用河水灌溉庄稼，造成水位极度下降，有些河流在一年中的某些时候甚至出现断流，无水注入海洋。

我们在洪泛区和河口处大兴土木，抽干大片湿地，导致今天的湿地总面积仅剩了我出生时的一半。

　　人类对淡水系统的肆意滥用造成生活在其中的动植物急剧减少，甚于任何其他生物生存的环境。在全球范围内，淡水动物减少了 80% 以上。例如，东南亚湄公河出产的淡水鱼占全球产量的 1/4，为 6 000 万人提供了宝贵的蛋白质。然而，修筑水坝、过度用水、水质污染和过度捕捞这几个因素加在一起，导致捕获量逐年递减。不仅总量少了，而且鱼也越来越小。近几年来，一些渔民为了捞到可吃的小鱼，不得不用蚊帐当渔网。

　　目前，每年都有 150 亿株以上的树木遭到砍伐。世界上的雨林面积已经减半。驱动森林砍伐的首要动力是牛肉生产，为此使用的土地比后面三个驱动因素所需的土地面积加起来还大一倍。只巴西一家就有 1.7 亿公顷的牧场，相当于英国领土的 7 倍。那些地方本来大部分是雨林的生长地。第二个驱动森林砍伐的因素是大豆种植。全球种植大豆的土地共有 1.31 亿公顷，大多在南美。70% 以上的大豆用来饲养肉用牲畜。第三个驱动因素是油棕种植园，占地达 2 100 万公顷，大部分在东南亚。[21]

　　最后就是，剩下的森林被道路、农场和种植园分割得七零八落。70% 的森林覆盖面从一头到另一头不超过 1 千米。幽深浓密、不见天日的森林基本不复存在。

　　全球的昆虫数目在区区 30 年内减少了 1/4。在大量使用杀虫剂的地方，减少的比例更高。近期研究表明，德国失去了

75% 的飞虫，波多黎各近 90% 生活在树冠里的昆虫和蜘蛛都已消失。昆虫是所有物种中最多样的群体。许多昆虫有为植物传粉授粉的功能，是众多食物链中的关键环节。还有的昆虫猎食其他昆虫，对于预防以植物为食的昆虫灾害有举足轻重的作用。[22]

地球上一半的肥沃土地现在都用于农业，在我们手里经常得不到善待。我们过度施用硝酸盐肥料和磷肥、过度放牧、焚烧土地、种植不适宜的作物从而增加土地的负担，还喷洒农药，杀死赋予土地生命力的土中无脊椎动物。许多田地的表土正在流失，原来是充满了真菌、蠕虫、特有的细菌和一众其他微生物的富饶生态系统，现在却成为坚硬、荒芜、贫瘠的土地。雨水如同流下柏油道一样从土壤表面流走，加剧了洪涝灾害。现在，许多实行工业化耕种的国家大片土地被洪水淹没可以说是家常便饭。

今天，我们星球上 70% 的禽类是人工喂养的，绝大多数是肉鸡。全世界每年消费 500 亿只鸡。活鸡数量常年保持在 230 亿只。许多鸡吃的饲料都含有在砍伐森林后腾出来的土地上种植的大豆。

更令人惊心的是，我们自己和我们养来吃的动物构成了地球上所有哺乳动物的 96%。光是人就占了 1/3 以上。牛、猪和羊等家畜占了 60% 多一点。剩下的所有野生动物，小至田鼠，大至大象和鲸，只占 4%。[23]

* * *

　　总的来说，自 20 世纪 50 年代以来，野生动物的数量减少了一半以上。现在回看我早年拍摄的影片时，我认识到，虽然当时我自觉身处荒野之中，徜徉于一个原始的自然世界，但那其实是我的幻觉。即使在那时，很多大型动物就已经非常稀少。不断移动的基线歪曲了我们对地球上一切生命的认知。我们忘记了，在过去的某个时期，温带森林几天都走不到头，野牛群规模大到需要 4 个小时才能全部经过，鸟群飞起来密密麻麻、遮天蔽日。这样的情景仅仅在几代人以前还是常态，而今都已成为过去。我们习惯了一个贫乏的星球。

　　我们用驯顺的取代了野性的。我们把地球视为我们的星球、人治人享的星球，却没有给生命世界的其他成员留下多少活路。真正的野生世界——没有人的世界——已经一去不返。人类占领了地球。

　　过去几年，我逢人便提起此事，无论是在联合国、国际货币基金组织、世界经济论坛，还是对伦敦的金融家和参加格拉斯顿伯里音乐节的人们。我本不想卷入这场斗争，因为我但愿没有必要做斗争。可是，我这一生是非常幸运的一生，运气好得难以置信。若是我明明看到了危险却一声不响，我会非常内疚。

　　我必须时时提醒自己不要忘了人类在我这一生中对地球犯下的种种恶行。毕竟，每天清晨太阳照样升起，报纸依旧被从信箱口投进屋里。但是，我差不多每天都会想，我们是否像普里皮亚季那些倒霉的人一样，正在梦游般不知不觉中走进一场大灾难？

PART TWO

黯淡前景

如果我们保持现有的生活方式不变,我真为今后 90 年间活在世上的人捏把汗。最新的科学研究[1]表明,生命世界正在失去平衡、趋于崩溃。事实上,这个过程已然开始,且速度会越来越快。生命世界衰退产生的后果将接踵而来,规模和破坏力也会日益加大。人类一直以来依赖的一切 —— 地球环境一贯免费为我们提供的各种服务 —— 将开始摇摇欲坠,甚至完全崩塌。预言要发生的大灾难将十分惨烈,其破坏性与切尔诺贝利事件或迄今为止我们经历的任何灾难相比都不可以道里计。它带来的将远远不止淹没房屋的洪水、狂暴的飓风和夏季的野火。它将不可逆转地降低生活在当时的每个人以及后来几代人的生活质量。待全球生态崩溃尘埃落定,新的平衡达成后,未来人类居住的地球可能永远也无法恢复过去的丰饶。

按照目前主流环境科学的预测，未来的灾难将是毁灭性的；这是人类目前对地球的所作所为直接造成的结果。从"二战"结束后的 20 世纪 50 年代起，人类开始了所谓的大加速。把测量一段时间内的影响与变化的各种参数制成曲线图，会发现它们的走向惊人地相似。人类活动的趋势可以用如下几方面来显示：国内生产总值（GDP）、能源使用量、水使用量、水坝的建造、电信的普及、旅游业的发展和农地的扩大。分析环境变化有许多办法，可以测量大气中二氧化碳、一氧化二氮或甲烷含量的升高，也可以测量地表温度、海洋酸化、鱼类种群规模的缩小和热带雨林的减少。无论测量的对象为何，图上的曲线都指往同一方向。自 20 世纪中期开始，曲线显示出加速上升的趋势，像是一段陡峭的山坡，或一根冰球棍的形状。所有参数的曲线图无一例外。这种失控般的增长反映了我们现今的生存情况。我这一生在全球各地看到的都是这个情形，它是我报告的所有变化的最大深层原因。我的证词是对"大加速"的第一手叙述。

看了所有曲线图上一模一样的曲线，心中自然浮现出一个明显的问题：这种情况怎么能继续下去？当然，回答是它无法继续下去。微生物学家也有一张增长曲线图，图上的曲线以同样的态势开始，而微生物学家知道它最终是如何结束的。把几个细菌放到一个无菌密封皿里的营养基上，那是一个没有竞争、营养丰富的完美环境。那几个细菌用了一些时间适应这个新环境，这段时间叫迟缓期。这个阶段可能只有一小时，也可能是几天，但它会在某个时刻突然结束，因为细菌知道了如何利用皿里的条件，开始裂生繁殖，每 20 分钟数目就增加一倍。这就是对数生长期，其间细菌呈指数级增长，不断裂生，在营养基上急速扩张。每个细菌都占据自己的一方地盘，吸收所需的养分。生态学家称其为"争夺竞争"（scramble competition）——每个细菌都自顾自！在空间有限的密封皿这种封闭的环境里，这类竞争是没有好结果的。细菌一旦繁殖到容量的极限，就同时开始彼此为敌。细菌身下的食物开始减少。废气、高温和废料的聚集不断加快，开始毒化环境。细胞开始死亡，总数增长率首次趋缓。由于环境的恶化，细菌的死亡也以指数级增加。很快，死亡率和裂生率就持平了。此刻，细菌数量达到峰值，也许可以维持一段时期不变。不过，在一个有限的系统内，这种情况不会永远维持，它是不可持续的。各处的食物都开始减少，不断增多的废料在整个密封皿里都积累到致命的程度，菌群如同它快速兴起一样快速崩溃。最后，密封皿内部的环境变得面目全非——没有食物，环境被毁，热度酸度双高，还充满毒素。

"大加速"意味着我们、我们的活动和我们造成的各种冲击进入了对数生长期。经过几十万年的迟缓期后，我们人类似乎在 20 世纪中叶解决了在地球上生活所涉及的实际问题。这也许是工业化时代兴起的必然结果，因为其间出现的新能源和机器使我们获得了数倍于个体力量的能力，但第二次世界大战的结束似乎是最终的触发力量。战争本身导致了医药、工程、科学和通信领域的突破。战争的结束促成了一系列多国组织的建立，包括联合国、世界银行和欧盟*。这些组织的目的都是团结全世界，确保全球人类社会共同合作。这些组织在带来"大和平"这一空前的相对和平期方面发挥了作用。因为有了和平，我们才得以充分利用我们的各项自由，加速每一个增长机会的到来。

"大加速"的曲线是进步的体现。在此期间，对大多数人来说，人类发展的各项指数都出现了令人瞩目的增长，无论是平均预期寿命，还是全球识字率和教育水平、医疗服务水平、人权水平、人均收入水平、民主水平。"大加速"带来了运输通信的进步，成全了我本人的职业发展。过去 70 年间人类各种活动的惊人扩张带来了许多我们渴望的东西。然而，必须承认，我们既收获了益处，也付出了代价。人和细菌一样，也产生废

---

* 确切地说，欧盟是 1993 年成立的。它的前身"欧洲经济共同体"成立于 1967 年，而欧洲经济共同体又是在 1951 年成立的"欧洲煤钢共同体"的基础上建立的。——译者注

气、酸和有毒废料。这些东西的积累也呈指数级增长。我们不断加速的增长无法永远持续，从阿波罗飞船上拍摄的那些照片清楚地显示，地球是一个封闭的系统，正如细菌群落所在的密封皿。我们急需知道我们的星球还剩下多少容量。

近年来，一些最重要的科学学科在全球范围内对自然开展了研究，力图了解这方面的详细情况。一队研究地球系统的顶级科学家在约翰·罗克斯特伦（Johan Rockström）和威尔·斯特芬（Will Steffen）的带领下研究了全球各地生态系统的抗压能力。[2]他们仔细研究了使得每一个生态系统在全新世能够如此可靠地运作的各种要素，用模型测验了这些生态系统到什么时候开始衰退。实际上，他们是在探索生命支持系统的内部运作和固有弱点，这个出奇宏大的项目彻底改变了我们对地球运作方式的理解。

他们发现，地球环境有 9 个固有的关键门槛，也就是 9 条星球界限。如果人类活动产生的影响不超过这些门槛，我们的活动空间就是安全的，生存就是可持续的。如果我们欲壑难填，突破其中任何一条界限，就可能动摇生命支持系统，给大自然造成永久性损害，使其无法维持全新世安全良性的环境。

在地球的控制室里，我们正在漫不经心地调高这 9 条界限上的刻度表，恰似 1986 年切尔诺贝利的那些不幸的夜班人员。核反应堆也有自己固有的弱点和门槛，有些是工作人员知道

星球界限模型

■ 当前界限水平
░ 未量化的界限

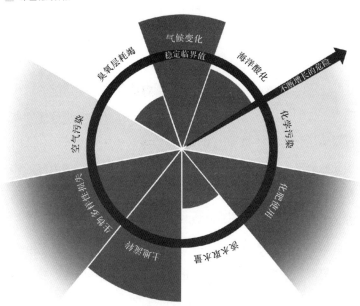

120

乌克兰的普里皮亚季城。建于 20 世纪 70 年代，专供苏联切尔诺贝利核电站工作人员居住。1986 年 4 月，核电站的一座反应堆发生爆炸，全城人口被迫立即撤离。从图中可看到地平线上被炸毁的反应堆，它现在被围在一座巨大的混凝土拱形建筑之内，以防危险的核物质泄漏（© Kieran O'Donovan）

按照 20 世纪 70 年代最时髦的风格设计建造的公寓大楼空无人迹，舞厅、学校、游泳池和电话亭也阒然无人。在被抛弃的这一切当中，森林悄然回归，夺回了原本属于它的土地（© Maxym Marusenko/NurPhoto/Getty）

在演播室中录制节目《动物园探奇——巴拉圭之行》。我在摄影机前向观众介绍一只六带犰狳，后面的树干上，一只二趾树懒正悬挂在那里，等待自己在镁光灯下的时刻（© BBC）

（对页上）1954 年，查尔斯·拉古斯和我启程前往塞拉利昂。当时，空中旅行尚未发展到可以连夜飞到西非，我们只能降落在卡萨布兰卡度过旅行的第一夜（© David Attenborough）

（对页下）新几内亚中部从未与外部世界接触过的比亚米（Biami）部落首领在列数附近的河流。各个部落群体计数的手势不同，他的手势可能会显示他和哪些部落有过贸易交流（© David Attenborough）

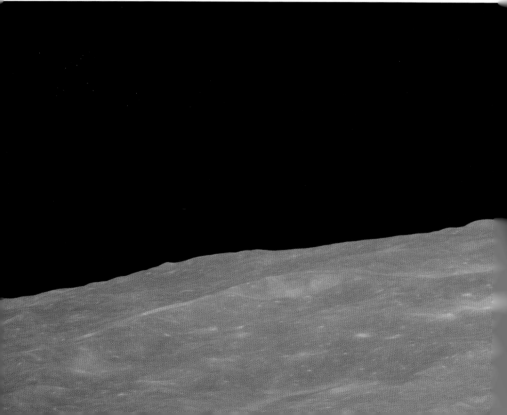

（对页）1968 年，弗兰克·博尔曼队长在
绕月飞行的阿波罗 8 号飞船上（© NASA）

从阿波罗 8 号首次看到的地球——这一图像完全改变了我们看待我们的星球以及我们自己的方法（© NASA）

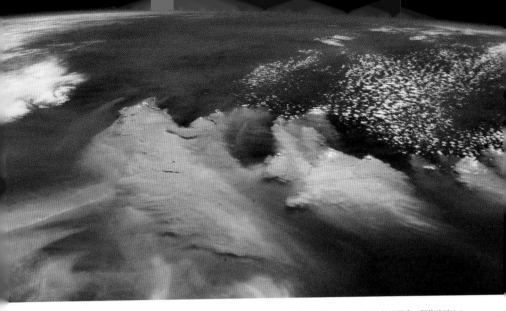

随着野火的肆虐，澳大利亚东南沿岸上空的朵朵白云被褐色的滚滚浓烟吞没。2019—2020 年的夏季，据估计近 7.3 万平方千米的森林焚烧殆尽，葬身火海或失去栖息地的动物超过 30 亿。气候变化被认为是引发野火的一个因素，虽然澳大利亚政府中许多人当时对此矢口否认（© Geopix/Alamy）

拍摄《冰冻星球》期间，挪威极地研究所科学家从直升机上发射飞镖麻醉北极熊时，我也陪同在侧。多年来的研究显示，海冰缩小导致猎食海豹的难度加大，造成北极熊体重下降。这一趋势若继续下去，北极熊这个物种恐难逃灭绝的命运（©BBC）

红海中这样的珊瑚礁属于地球上生物多样性最高的栖息地。然而，这些丰富而复杂的生态系统也十分脆弱。有人预言，以目前气候变化的速度，不出几十年，世界上 90% 的珊瑚礁就将随着海洋温度和酸度的上升而消失（© Georgette Douwma/naturepl.com ）

珊瑚的白化常常由水温升高造成，是珊瑚礁承受压力的表现。温度升高使珊瑚微生物将色彩缤纷的海藻排出身体组织。然后，许多珊瑚会死亡，露出它们为自己建造的白色石灰质结构（© Jurgen Freund/naturepl.com ）

座头鲸和其他大型鲸类一样，在 20 世纪上半叶是商业捕鲸船队的捕猎对象。自从禁止捕鲸以来，座头鲸的数目从仅余数千头增长到大约 8 万头——这证明只要有机会，大自然能够迅速恢复（© Brandon Cole/naturepl.com）

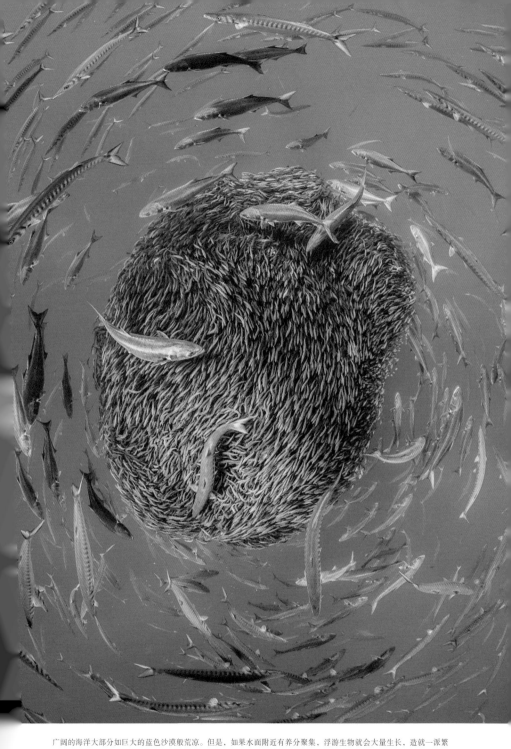

广阔的海洋大部分如巨大的蓝色沙漠般荒凉。但是，如果水面附近有养分聚集，浮游生物就会大量生长，造就一派繁忙的景象。图中一群被浮游生物吸引而来的鲭鱼组成了一个饵鱼球，被梭鱼和蓝鱼紧追不放（©Jordi Chias/naturepl.com）

海洋塑料污染：一头在污染的海水中进食的鲸鲨在吃塑料（© Rich Carey/Shutterstock）

中国北京郊区东小口，一位工人在分拣塑料瓶以供回收

圣诞岛是一处位于太平洋深处的环礁，图为冲到那里沙滩上的塑料垃圾（© Gary Bell/Oceanwide/naturepl.com）

太平洋库雷环礁附近，一头夏威夷僧海豹被渔具缠住。后来摄影师为这头海豹解开绳索，将它放归了大海（© Michael Pitts/naturepl.com）

海带林是最多产的海洋栖息地之一，海獭是其中的一个关键物种。海獭捕食吃海带的海胆，因而帮助海带林繁茂生长——这个例子表明生物多样性的增加能够帮助自然系统更好地捕集并封存碳（© Bertie Gregory/naturepl.com）

20世纪初，野外的欧洲野牛被猎捕至灭绝，但现在，许多国家开始把圈养的欧洲野牛重新放归自然，野牛也成为欧洲重新野化运动的标志（© Wild Wonders of Europe/Unterthiner/naturepl.com）

帕劳的珊瑚礁和海洋一度遭到过度捕捞，但依据传统的可持续捕鱼方法推行的强有力政策大大改善了海洋生物多样性
（© Pascal Kobeh/naturepl.com）

2019 年 4 月，在英国的一个创新性野地农场"克内珀庄园"，一只白鹳叼着筑窝材料回到配偶身边。这是英国数百年来首次记录到白鹳筑窝（© Nick Upton/naturepl.com）

黛安·福西在卢旺达和山地大猩猩在一起。她促使全世界注意到了这种大猩猩所处的困境，使我们得以在制作《生命的进化》时拍摄山地大猩猩（© The Dian Fossey Gorilla Fund International）

美国黄石国家公园一道山梁上的灰狼。1995 年重新引入狼群对整个生态系统产生了深远影响，表现出顶层掠食动物在提高自然系统的生物多样性方面的价值（© Sumio Harada/Minden/naturepl.com）

摩洛哥的瓦尔扎扎特太阳能发电站是世界上最大的聚光式太阳能发电站。它采用熔盐储电的技术，夜间也可以供电（© Xinhua/Alamy Live New）

和电影导演兼本书合著人乔尼·休斯一起坐在我小时候寻找化石到过的莱斯特郡石场。我俩在讨论与本书同时出品的同名纪录片的脚本（© Ilaira Mallalieu）

我一直是世界自然基金会的拥趸。2016 年，我在世界自然基金会《地球生命力报告》发布会上演讲，该报告等于两年一次对地球的健康检查，已成为关于我们星球生物多样性损失程度的权威指南（© Stonehouse Photographic/WWF_UK）

和乔尼·休斯一起在切尔诺贝利禁入区边上的朴素住所撰写影片的结束语（© Gavin Thurston）

普里皮亚季的河畔咖啡馆虽然被弃，但它的彩色玻璃窗仍然令人叹为观止，其艺术风格无疑属于苏联时期。制片助理乔·费里迪在我驻足凝视的时候拍下了这张照片（© Andrew Yarme）

我们安排的行程使我们正好在 25 万头角马移徙而来的时候到达肯尼亚的马赛马拉（© Keith Scholey）

和我共事多年的摄影师加文·瑟斯顿在安装 Cineflex 摄像机，即使车子在肯尼亚的土路上高速行驶，这种摄像机也能保持足够稳定，拍出流畅的追踪影像（© Conor McDonnell/WWF）

塞伦盖蒂生态系统的辽阔壮观和自然风貌永远能给人留下深刻印象（© Keith Scholey）

《我们星球上的生命》摄制组人员——（从左至右）基思·肖利（执行制片人）、乔尼·休斯（制片人／导演）、加文·瑟斯顿（摄影导演）、我自己、伊莱拉··马拉柳（制片助理）、科林·巴特菲尔德（世界自然基金会的执行制片人）和比尔·鲁道夫（录音师）（© Conor McDonnell/WWF）

在我儿时曾前往寻找化石的莱斯特郡石场
拍摄（© Ilaira Mallalieu）

即使在莱斯特郡，太阳也有很毒的时候！
多亏玛吉·沃森为我遮阴（© Gavin Thurs-
ton）

在五天的拍摄期间，我们在一个简单的录影棚里录下了我的目击证词的关键内容（© Jonnie Hughes）

我有幸参观了在伦敦的阿比路录音室对作曲家史蒂夫·普赖斯所谱配乐的录制。史蒂夫为这场录制精挑细选了一支小型管弦乐队。乐队的每一位成员的演奏技巧都出类拔萃（© Jonnie Hughes）

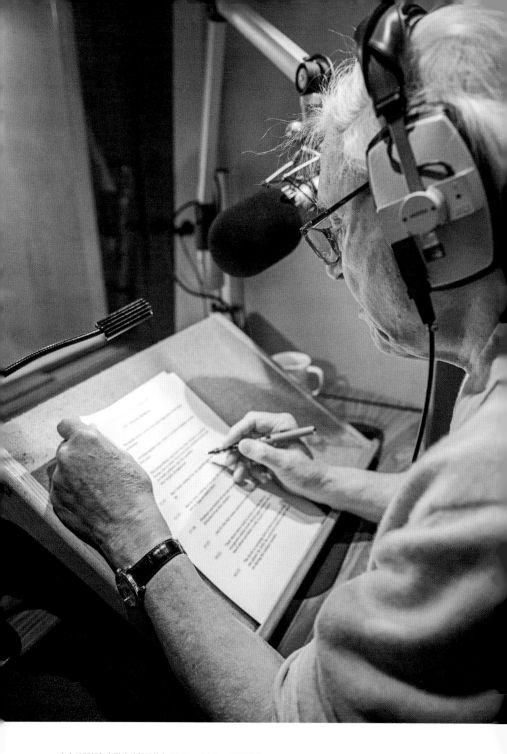

在布里斯托尔为影片录制画外音（© Conor McDonnell/WWF）

的，有些是他们不知道的。他们故意调高刻度表是为了测试系统，却不在乎或不明白此举带来的风险。一旦调得过高，越过了门槛，就会引发连锁反应，打破机器的稳定。从那一刻起，他们无论做什么都不再能阻止灾难的展开——复杂而脆弱的核反应堆已经走上了失灵的不归路。

如今，人类活动正在把地球推向失败的不归路。我们已经突破了9条界限中的4条。我们用太多的化肥污染了地球，打乱了氮和磷的循环。我们把陆地上太多的森林、草原和沼泽等自然栖息地改造成了农田。我们向大气层释放碳的速度比我们星球历史上的任何时候都快，使地球以过快的速度变暖。我们造成的生物多样性损失率比平均数高100多倍，只有一次大规模灭绝事件的化石记录能与之相比。[3]

对气候变化的讨论方兴未艾，这是对的。但现在可以清楚地看到，人为的全球变暖只是一连串正在展开的危机中的一个。地球科学家的研究表明，今天，仪表板上有4个警示灯在闪烁。我们已经超越了地球的安全活动空间。"大加速"像任何爆炸一样，会产生后果，在生命世界造成同样激烈的反作用——"大衰退"。

科学家预言，今后100年间将要发生的破坏会使我这一生目击的重大破坏相形见绌。如果我们不改弦更张，今天出生的人以后会看到如下的情景。

21 世纪 30 年代

为了在亚马孙流域开辟更多的农地，人们对亚马孙雨林连续数十年进行大肆砍伐和非法焚烧。到 21 世纪 30 年代，亚马孙雨林将缩减到它原来规模的 75%。虽然雨林的面积仍然广袤，但是这很可能是亚马孙雨林的一个临界点，也许将触发一种叫作森林梢枯的现象。森林因为树冠面积缩小，突然不再能产生足够的水分供给雨云，亚马孙最脆弱的部分于是首先退化为季节性干旱森林，进而变为开阔的热带稀树草原。这种衰退是自我加强的：森林梢枯发生得越多，造成的森林梢枯就越多。因此，有人预测整个亚马孙流域的干旱化将迅猛而来，造成毁灭性后果。[4] 生物多样性的损失将是灾难性的，因为亚马孙地区是世界上 1/10 已知物种的家园，所以这意味着将发生无数局部性灭绝，而那又将触发整个生态系统内部的多米诺骨牌效应。所有野生物种都将遭到沉重打击，每一个动物觅食和求偶都将越来越难。

有些物种也许在我们尚未意识到其存在的时候便已消失，本来它们是可以用来制药，或成为新食材，或用于工业的。但是，人类将承受的代价要深远得多、切身得多。亚马孙地区一直在为我们提供的众多环境服务都将消失殆尽。随着亚马孙流域的树木逐渐死去，原来由树根固定的泥土流入河中，突发性洪水会成为家常便饭。3 000 万人，包括近 300 万原住民，也许不得不离开亚马孙流域。空气中水分的变化很可能导致南美大部分地区降雨减少，造成那里许多超大城市供水短缺，通过砍伐森林开辟的农田也将饱受干旱之苦，这不能不说是个讽刺。巴西、秘鲁、玻利维亚和巴拉圭的粮食生产都将会受到巨大影响。

亚马孙雨林提供的最重要的环境服务是，整个全新世期间，它的树木锁住了 1 000 多亿吨碳。现在干旱期间发生的野火把这些碳逐渐释放到大气层中。与此同时，森林光合作用的减弱意味着该地每年的碳吸收量将会下降。大气中二氧化碳的增多无疑会加速全球变暖。

地球另一头的北冰洋在 21 世纪 30 年代预计将出现第一个无冰的夏季。[5]这将导致北极成为一片宽阔的水面。即使是有遮挡的峡湾里那些反复结冻的多年坚冰，恐怕也抵挡不住温度的上升，开始消失。长在海冰背面的海藻丛只能掉进水中，北极地区的整个食物链因此将受到影响。

地球的冰少了，每年的白色就少了，这意味着反射回太空的太阳能也会减少，因而导致全球变暖进一步加速。北极将失去为地球制冷的能力。

21 世纪 40 年代

　　下一个重大临界点应该发生在地球急速变暖的几年后。地球北极持续数十年的气候变暖将导致阿拉斯加大部以及加拿大和俄罗斯北部的冻原和森林下面原来封冻的永久冻土开始融化。[6]这个趋势远比海冰面积的缩小更难察知和预测,但它的潜在危险要大得多。整个全新世期间,这些地区的土壤高达 80%的成分是冰。地球变暖后,情况就会生变。冻土融化在地面上能够看到的唯一迹象是出现新形成的湖,以及水分流走后北极土地塌陷形成的一个个难看的大坑。但是,到 21 世纪 40 年代,冻原的塌陷预计将普遍得多。随着将土壤冻在一起的冰融化消失,不出几年,占北半球陆地面积 1/4 的近北极地区可能就会变成一个大泥潭。数百万立方米融冰后的稀泥流向低处,将引发大规模泥石流和大洪水。数百条河流将改道,数千个小湖泊的水会流干。离海岸较近的湖水会倾入海中,将混杂着大量泥沙的淡水注入大海。当地的野生动植物将遭到灭顶之灾,而居住在这个地区的人,包括原住民、渔民、油气公司的雇员、运输和林业部门的工人,都只得离开。然而,地球上每个人都逃不脱冻土融化所产生的关键后果。数千年来，被永久冻土层锁住的碳估计有 1.4 万亿吨，比过去 200 年间人类排放的碳多 4 倍，是大气层现有碳含量的两倍。永久冻土层的融化会连续多年把这些碳逐渐释放出来，打开排放甲烷和二氧化碳的龙头，而我们可能再也无法将其关上。

21 世纪 50 年代

今后 30 年中发生的任何野火和融冰都会使大气层含碳量来一个大加速。和以往一样，海洋表面的水会吸收大量的碳。二氧化碳入水后形成碳酸，先是在浅海，然后随着洋流的循环到达大洋各处。到 21 世纪 50 年代，整个海洋的酸度都会达到引发灾难性衰退的程度。

海洋生态系统中最多种多样的珊瑚礁尤其容易受到酸化增强的损害。[7] 珊瑚礁已经因连续多年的白化事件而元气大伤，酸性的增加更使得它们难以修复自己的碳酸钙骨骼。空气变暖，风暴更加猛烈，珊瑚礁很可能被击碎。有人预言，几年之内，地球上 90% 的珊瑚礁都会被摧毁。

开阔的海洋也容易受到酸化的伤害。作为食物链底层的许

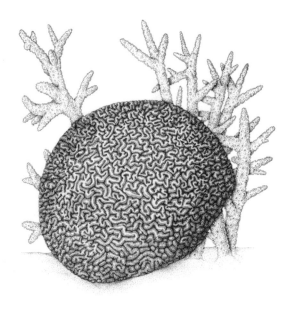

多浮游生物物种长着碳酸钙的外壳。海洋的日益酸化会抑制它们的生长繁荣。结果，食物链上端的鱼类也会减少。牡蛎和贻贝的捕捞量将剧减。21 世纪 50 年代可能标志着现存商业化渔业和鱼类养殖业完结的开始。5 亿多人的生计将直接受到影响，人类历来就有的一个方便的蛋白质来源将开始从我们的饮食中消失。

21 世纪 80 年代

　　到 21 世纪 80 年代，全球陆上粮食生产可能会到达危机关头。[8] 在世界上比较富裕的温带地区，连续一个世纪的密集农业生产施用了太多的化肥，土壤的地力被耗尽，奄奄一息。关键的粮食作物将发生歉收。在世界上较热较穷的地区，全球变暖会带来更高的温度、季风的改变，以及造成庄稼颗粒无收的暴雨和干旱。在世界各地，几百万吨流失的表土会被冲进河流，给下游城镇带来洪涝。

　　如果仍旧像现在这样大量使用农药，栖息地继续遭到破坏，疾病在蜜蜂等授粉动物中传播不止，那么到 21 世纪 80 年代，昆虫物种的损失将会影响到人类粮食作物的 3/4。坚果、水

果、蔬菜和油料作物如果没有辛勤的昆虫为其授粉，产量必定大减。[9]

有朝一日又一场大流行病可能会暴发，让已经糟糕的形势雪上加霜。我们刚刚开始明白，新病毒的出现与我们星球的衰亡是相关联的。据估计，哺乳动物和鸟类身上藏有 170 万种对人类有潜在危害的病毒。[10] 我们越是通过砍伐森林、扩大农地和非法贩卖野生动物来破坏野生世界，又一场大流行病暴发的可能性就越大。

22 世纪初

22 世纪伊始，也许会发生一场世界范围内的人道主义危机 —— 人类有史以来最大的被迫迁徙。

21 世纪期间，由于格陵兰和南极洲冰层的缓慢融化，加上海洋因变暖而逐渐扩大，预计世界各地的海滨城市都会面临海平面上升 0.9 米的困境。[11] 之前的 50 年，狂风暴雨已经使 500 个海滨城市的 10 亿多居民疲于应对；到 2100 年，海平面可能会上升到足以摧毁港口，使海水倒灌入内陆的程度。[12] 鹿特丹、胡志明市、迈阿密和许多其他城市将变得无法防护，因此也就无法保险、无法居住。那些城市原来的居民只得向内地迁移。

但还有一个更大的问题。上述所有事件如若全部成真，我们的星球 2100 年的温度就将比现在高 4 摄氏度。1/4 的人类可能会生活在平均气温超过 29 摄氏度的地方，今天只有撒哈拉沙漠每天如此酷热。[13] 在这些地方不可能再种田，10 亿乡村人口只好外出寻找活路。世界上气候相对温和的地方将人满为患。各国会不可避免地关闭边境，全球各地甚至可能爆发冲突。

在此背景下，第六次大规模灭绝将不可阻挡。

如果一个人出生在今天，那么预计在他的有生之年，我们人类会把我们的星球沿着一条单行道推过一道又一道门去面对不可逆转的变化，让我们永远失去全新世这座伊甸园带来的安全与稳定。在这样的未来中，我们的文明赖以存在的生命世界就会在我们的手中坍塌。

谁也不想这种情况发生。谁也承受不起这种情况发生。但是，在危机四伏的今天，我们该怎么办？

研究地球系统的科学家给出了答案。其实很简单。答案一直就在眼前。地球也许是个密封皿，但并非只有我们生活在地球上！这里还有整个生命世界，它是可以想象到的最奇妙的生命支持系统。它经过数十亿年的确立完善，能够更新并补充食物供应，吸收并再利用废料，减少破坏，给地球带来平衡。地球的稳定性恰恰在生物多样性下降的时候发生动摇，这并非巧合，因为它们二者紧密相关。因此，要恢复我们星球的稳定，就必须恢复被我们消除了的生物多样性。这是走出我们自己造成的这场危机的唯一出路。我们必须重新野化世界！

PART THREE

未来憧憬

如何重新野化世界

该如何促进野生世界回归，使地球恢复一定的稳定性呢？许多人在苦苦思索，试图找到通往另一个更野化、更稳定的未来的路径，这些人在一个方面不谋而合，都认为我们的征程必须由一种新的理念来引领 —— 实质是回归老的理念。全新世之初，尚未发明农业之时，生活在地球各处的几百万人以狩猎-采集为生。那种生活方式是可持续的，与自然世界保持着平衡。它也是我们的祖先当时的唯一选择。

　　农业使人有了更多的选择，人与自然的关系也随之发生了变化。我们开始把自然世界视为驯服、压倒和利用的对象。无疑，这种对生命的新态度使我们获得了巨大的收益，但随着时间的流逝，我们失去了平衡，从归属于大自然变为独立于大自然。

　　如今，我们需要扭转这个变化的方向。可持续的生存又一次成了我们唯一的选择。可是，现在世界人口达到了几十亿。我们不可能，也不会愿意重拾狩猎-采集的生活方式。我们需要找到一种新的可持续的生活方式，使今天的人类世界再次与大自然达成平衡。只有这样，我们造成的生物多样性的损失才能转亏为盈。只有这样，世界才能重新野化、恢复稳定。

在通向可持续未来的征程中，我们已经有了罗盘。我们设计星球界限模型，就是为了不走弯路。它告诉我们，必须减少世界各地的温室气体排放，以立即阻止气候变化，最好是将其扭转；必须停止过度使用化肥；必须停止把荒野变为农地、种植园和其他用地的做法，退耕还野。它还警告我们需要注意其他问题，包括臭氧层、对淡水的使用、化学品和空气污染，以及海洋酸化。如果这些都能得到控制，生物多样性的损失就会放缓、停止，然后开始自我修复。换言之，如果我们用以判断自己行动的首要标准是自然世界的重生，我们就会做出正确的决定。我们这样做不仅是为了大自然，也是为了我们自己，因为大自然在保持地球的稳定。

可是，我们的罗盘缺少一个重要的因素。最近的一次研究估计，人类对生命世界的冲击几乎有一半是由最富有的 16% 的人造成的。[1]最富有的人在地球上惯常的生活方式是完全不可持续的。我们在筹划通往可持续未来的路径时，必须处理这个问题。我们必须不仅学会在地球有限资源的范围内生活，还要学会如何更均衡地分享这些资源。

牛津大学经济学家凯特·拉沃斯（Kate Raworth）给星球界限模型加了一个内环，详细说明了这个挑战。新加的内环代表了人类福祉的最起码要求，包括体面住房、医疗服务、清洁饮水、安全食品、能源使用、良好教育、足够收入、政治声音和公平正义。这样，星球界限模型就成了有两套界限的罗盘。模型的外环是生态界限，若想维持一个稳定安全的地球，就绝不能越过这个界限。模型的内环代表着社会基础，若想实现公平公正的世界，就必须努力使所有人达到这个水平以上。这样得出的模型被命名为甜甜圈模型，它代表着一个诱人的前景——人人享有安全正义的未来。[2]

"万物的可持续性"应该成为我们人类的理念，甜甜圈模型应该成为我们前进征程的罗盘。它摆在我们面前的挑战简单而严峻：改善世界各地人民的生活，同时又大大减少对世界的冲击。在试图应对这一巨大挑战时，应该向何处寻求灵感呢？只需看看我们眼前的生命世界即可。一切答案都在那里。

甜甜圈模型

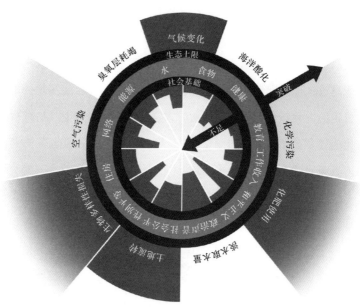

138

超越增长执念

我们从大自然那里学到的第一课是关于增长的。我们之所以落到今天的危急状态，就是因为我们总想让世界经济永久增长。但是，在一个有限的世界中，没有任何东西能够永久增长。生命世界的所有组成部分，个体、人口，甚至是栖息地，在增长一段时间后都会进入成熟期。一旦成熟，就会蓬勃发展。蓬勃发展不一定意味着变大。无论是一棵树，还是一个蚂蚁堆、一片珊瑚礁或整个北极生态系统，只要能够达到成熟阶段，都可以生存很长时间。它们在生长过程中一旦到达某个点，就会在那个位置上充分利用一切资源，但其方式是可持续的。它们通过对数生长期的成倍增长发展到顶峰，然后到达高度发展的平稳期。它们与外部生命世界的互动方式使得这种平稳期能够永远持续下去。

到达高度发展平稳期的野生群落并非不发生变化。亚马孙雨林有几千万年的悠久历史，[3] 其间它在地球上这个条件最好的地方欣欣向荣，繁茂生长。直到不久以前，它那茂密参天的树木覆盖的面积基本上没有改变过。它接受的阳光雨露和它土壤里的营养水平始终大致维持同样的水平。但是，生活在亚马孙雨林里的各个物种却经历了大变化。哪一年都有赢家和输家，正如体育联赛里球队的排名有升有降，或股票的价格有起有伏。总有种群处于上升地位，繁衍扩张入一个地区，压制另一个种群；一棵树倒下后，总有别的树在原地长起来。有新来的，也有凋零的。有些新来者也许有创新的法子，能给其他物种带来更多的机会，例如，一种新的蝙蝠也许会起到给夜间开花的植物授粉的作用。反之，物种消失的同时也会减少森林其他方面的机会。亚马孙雨林的物种群体就这样不断地调整、反应、改善，可以继续繁荣数千万年而不必向地球索取更多的原始资源。亚马孙雨林是地球上生物多样性最丰富的地方，是生命最成功的事业，可它不需要净增长。它足够成熟，只要持续就可以了。

目前，人类似乎并不想到达这种成熟的高级平稳期。任何经济学家都可以说明，过去 70 年里，我们所有的社会、经济和政治机构都在追求同一个大目标 —— 每个国家都想要越来越大的增长，而用以衡量增长的则是国内生产总值这个粗暴的标准。我们社会的组织、企业的希望、从政者的承诺都需要 GDP 不停地攀升。"大加速"就是这种执念的产物，而生命世界的"大衰退"则是它的后果。在一个有限的星球上，实现永久增长的唯一办法是夺取其他地方的资源。现代的发展看似是奇迹，其实不过是窃取。我在我目击证词的结尾处列出的骇人数据证明,我们的一切都是直接从生命世界中攫取的。我们攫取资源,却对造成的破坏视而不见。我们砍伐森林来种植大豆, 好饲养供我们食用的鸡,但此举导致的物种损失没人负责。我们购买并丢弃的塑料水瓶对海洋生态系统造成的冲击没人负责。我们加盖房屋用的煤渣砖需要混凝土,而制造混凝土的过程中释放出来的温室气体没人负责。难怪我们对地球造成的各种破坏这么快就开始反噬。

　　经济学的一个新学科正在试图解决这个难题。环境经济学家聚焦于建设可持续的经济。他们力图改变制度,使世界各地的市场既增加利润, 也造福人民, 还对我们的星球有利。他们称其为3P*。许多环境经济学家对他们所谓的绿色增长寄予厚望,那是一种对环境没有负面影响的增长。达成绿色增长的方法既包括提高产品能效, 将对环境冲击大的肮脏活动变为对环境冲击小或无冲击的清洁活动, 也包括推动数字经济的增长, 而数字经济如果以可再生能源为动力,就可称为低冲击部门。绿色增长的倡导者指出, 历史上不同时期的创新浪潮给人类带来了革命性的机会。首先是18世纪发现了水动力, 用它来驱动机器, 极大地提高了生产率。然后人类采用了化石燃料和蒸汽动

---

*　英文中利润(profit)、人民(people)和星球(planet)的首字母都是P。——译者注

力，不仅导致了制造业的工业革命，而且带来了铁路和航运，最后还带来能把人和货物快速送往全球各地的飞机。20 世纪早期的电气化催生了电信；20 世纪 50 年代的太空时代引领了西方消费的繁荣期；数字革命开启了互联网时代，使数百种智能装置走入千家万户——它们代表的是第三波、第四波和第五波浪潮。所有这些创新浪潮都给世界带来了剧变，造成了工商业的繁荣兴旺。许多环境经济学家寄希望于第六波创新浪潮——可持续性革命，并期盼它尽快到来。它将带来一个新秩序，发明者和企业家将因为其设计和提供的产品和服务能减轻对地球的破坏而获利丰厚。当然，这类产品和服务已经开始出现，如低能耗灯泡、廉价的太阳能、口感像肉的植物汉堡、可持续的投资。人们希望，面对我们星球巨大而紧迫的"大衰退"，政治家和工商界领袖能停止补贴破坏环境的产业，迅速转向可持续的生产方法。只有这种得人心、明事理的方法才能维持增长，至少可以维持一段时间。

可是说到底，绿色增长仍然是增长。人类到底能不能从增长期转向成熟期,然后稳定下来？第六次创新浪潮过后，人类能不能变得和亚马孙雨林一样，实现可持续的长期繁荣与进步，却不再扩大？有些人盼望未来全世界的人都摆脱增长成瘾，不再把 GDP 作为全部标准和终极目标，而是聚焦于包括所有 3P 在内的新的可持续的衡量标准。"幸福星球指数"（Happy Planet

Index）就是为此而设计的。它将一国的生态足迹同预期寿命、平均幸福水平和平等程度这些人类福祉的要素结合在一起。如果用这个指数来给各国排名，得出的结果与仅凭 GDP 排名完全不同。2016 年，哥斯达黎加和墨西哥登顶，它们的平均幸福指数高于美国和英国，但生态足迹只有美英的一个零头。"幸福星球指数"当然并非完全准确。因为它是综合指数，所以，如果生态足迹得分低，但福祉得分非常高，仍然有可能在排名榜上居于高位，挪威就是这种情况。像孟加拉国这样的国家排名也可能靠前，因为它虽然福祉较差，但生态足迹很浅。然而，一些国家已经在认真考虑用"幸福星球指数"和其他类似的标准来替代 GDP。这类新标准正在引发一场更加广泛的辩论，题目是：人类在地球上的一切努力要达到的总目标是什么。[4]

2019 年，新西兰迈出了勇敢的一步，正式放弃以 GDP 作为衡量经济成果的首要标准。它没有采纳任何已有的替代标准，而是根据本国最紧迫的关注创造了自己的指数。所有 3P —— 利润、人民和星球 —— 都包括在内。通过这项举措，杰辛达·阿德恩（Jacinda Ardern）总理一举把整个国家的优先关注对象从单纯的增长转向了能更准确地反映今天我们许多人关注和希冀的东西。2020 年 2 月新冠疫情来袭改变了政府的议程，也许使得阿德恩的决定更加顺理成章。她在没有出现任何新冠死亡病例之前就封锁了国家，而其他国家仍在犹豫不决，也许它们害怕封锁会影响经济。到夏初时节，新西兰的新发新冠确诊病例寥寥无几，人们因而得以回到工作岗位，并开始自由社交。

新西兰也许能起到指路灯的作用。其他国家的调查显示，世界各国人民现在都非常希望本国政府优先考虑人民和地球的利益，不再一味追求利润。这表示各国选民和消费者可能会欣然接受一个可持续的世界，最终实现凯特·拉沃斯所谓的增长－中立的世界。为了实现人民的繁荣与幸福，为了对我们的星球有益无害，每个国家都要走过一段艰难历程。从不可持续的增长中受了益的富国面临着在大幅减少生态足迹的同时维持高生活水平的艰巨任务。较穷国家的挑战则截然不同，它们要将生活标准提高到前所未有的水平，同时又要确保生态足迹可以持续。从这个角度来看，所有国家都是重任在肩的发展中国家，都需要转向绿色增长，加入可持续革命。

人类尚未成熟。我们恰似亚马孙雨林中一棵急切地抢占空地的小树，迄今为止将一切精力都放在增长上面。但是，环境经济学家认为，我们现在必须遏制增长的热情，更加平均地分配资源，开始准备做一株成熟的遮阴大树。只有到那个时候，我们才能沐浴在快速发展为我们赢来的阳光下，享受持久的、有意义的生活。

转向清洁能源

　　生命世界基本上靠太阳能驱动。地球上的植物和海里的浮游植物群落及海藻一起，每天捕捉 3 万亿千瓦时的太阳能，是我们用电量的近 20 倍。它们直接从阳光中吸收太阳能,把太阳能储存在碳基有机分子内部，而碳是它们从空气中吸收的二氧化碳转化而来的。它们在建立有机分子的过程中,把氧气作为废料排出。这个过程就是光合作用。植物的整个生命周期都靠光合作用提供能源，从生长枝茎主干到为了繁衍后代产生种子，结出果实诱使动物把种子带去别处，再到储存营养用于备荒。

　　各种动物，包括我们自己，花很多时间从植物的这一努力中分一杯羹。我们吃植物的果实，吸出里面的糖汁，或咀嚼植物叶子和根茎的柔软部分。我们和许多别的动物也吃食草动物的肉，因而获得二手的太阳能。甚至有一些微生物，比如真菌和细菌，是靠慢慢将动物的尸体化为液体，从中吸收宝贵的有机分子来维持生命的。我们中间的任何一个，无论是高级的动物、植物，还是海藻、浮游植物群落、真菌、细菌，最后都靠分解这些有机分子来获得里面的能量，其间二氧化碳作为副产品释放入大气层，再次由植物在光合作用中加以利用。

　　35 亿年来，太阳能的捕捉和分配及其造成的大气层和生命世界之间的碳循环对于地球上生命的活动具有中心意义。那段时间内，各种森林、湿地、沼泽、野草和野花给当时的生命世界带来能量。它们死后，体内的碳经由分解过程回归大气层。但是，有的时候分解未能发生。大约 3 亿年前，生长在广阔沼泽地里的植物死亡后，慢慢被不断聚集的沉积物埋在下面，变成了煤炭。在数亿年的漫长过程中，海洋和死水湖里茂密的浮游生物和水藻有时也被埋在地下深处，变成了石油和可燃气。

　　大约 200 年前，我们开始挖掘这些富含能量的遗存，用它们做燃料，将它们所含的大量的碳以二氧化碳的形式释放到大气中。我们对这种化石燃料所含能量的利用日趋娴熟。今天，我们的房屋用它取暖，汽车靠它驱动，工厂以它作为能源，必要时甚至用它来熔化钢铁。远古时代数千亿天的阳光的积累助推了我们的"大加速"。但在这一过程中，我们在短短几十年中就把积累了千百万年的碳释放回了大气层。

　　这是我们做过的深具潜在灾难性的事情。通过向大气层排放过多的碳，我们成倍地加剧了温室效应，启动了海洋的酸化。事实上，我们正在复制导致了二叠纪末期史上最大规模生物灭绝的气候变化。然而，我们造成的变化快得多。

　　我们突然发现，自身处境极为不妙。现在我们别无选择，只能改变人类活动使用能源的方式。然而时不我待。2019 年全球的能源使用中，化石燃料占了 85%。[5] 水力发电是低碳能源，但仅限于某些地方可用，而且会造成重大环境破坏；它在全球能源中占比不到 7%。核能也是低碳能源，当然也并非没有风险；它的占比只有 4% 多一点。我们应该使用取之不尽用之不竭的自然能源，如太阳能、风能、波浪能、潮汐能和地壳深处的热能，然而这些所谓的可再生能源才占全球能源使用的 4%。需要从化石燃料转向清洁能源的时间只剩下不到 10 年。比起前工业化时期，我们已经使全球温度升高了 1 摄氏度。如果我们想把温度的升高控制在 1.5 摄氏度，就必须限制排放到大气层的碳，这个限制就是我们的碳预算。按照目前的排放速度，在这个十年结束之前碳预算就将用光。[6]

对化石燃料毫无节制的使用给我们带来了有史以来最大最紧迫的挑战。如果我们真能以必要的闪电般速度过渡到可再生能源，后人将对我们这一代人永怀感激，因为我们的的确确是真正懂得问题所在的第一代，又是有机会做出纠正的最后一代。通往无碳能源世界的征途崎岖难行，今后几十年对所有人来说都充满巨大的挑战。但是，许多努力解决这一难题的人都相信，我们有可能取得成功。我们人类最重要、最惊人的特征就是能够解决问题。我们在历史上曾走过许多引发巨大社会变革的艰难历程，我们仍然有这个能力。

进步的第一个障碍已经被基本克服，那就是找到切实可行的替代品。现在，能源部门已经很好地把握了利用太阳能、风能、水能和地球深处的热能来发电的方法。仍有一些问题尚未解决。储电是其中一个。电池技术发展得仍然不够。可再生能源的效率也不足以完全担负起运输、制热和制冷的任务。在这种情况下，只能采用临时的解决办法来弥补不足、绕过问题。有时，这类弥补办法会带来"缩减项目"（Project Drawdown）组织[7]的保罗·霍肯（Paul Hawken）所说的"遗憾"。为了弥补眼下的不足，很可能需要使用核能和大规模水力发电，还需要长期使用同为化石燃料，但排放的碳远少于煤和石油的天然气。这些能源都有令人遗憾之处。我们可以发展生物能源的解决办法，用农产品作为能源，但那也有遗憾，因为会占用大片土地。在交通运输用的燃料方面，氢电池和用植物及海藻的油制造的可持续生物燃料可能会和电动车一起，成为公路、铁路和船舶运输的能源结构中永久的组成部分。大多数专家都认为空中运输是最难解决的问题。现在正在发展混合动力型、纯电动型和氢动力型的飞机，但在这类飞机的数量达到足够规模，成为可行的选项之前，航空公司正计划提高票价来抵消碳排放。我们必须努力确保所有这些暂时性措施实施的时间越短越好。离我们把碳预算完全用尽已经为时不远，继续使用化石燃料必然要求我们在其他地方更快更多地减少碳排放。

第二个潜在的障碍是成本，但这个问题也在逐渐消失。太阳能和风能的加速发展已经把可再生能源发电每千瓦的价格降到了低于煤电、水电和核电的水平，接近天然气和石油发电的价格。此外，可再生能源的收集比其他能源便宜得多。据估计，可再生能源占主导地位的能源部门30年内能节省数万亿美元的运行费用。许多评论家认为，可再生能源单凭越来越便宜这一条就能迅速取代化石燃料。但是，他们可能低估了第三个障碍的难度。

也许我们面临的最难以逾越的障碍是可以称为既得利益的抽象力量。对于在现状中有既得利益的任何一方来说，改变都是威胁。目前，世界上10个最大的公司中，石油和天然气公司占了6个。其中3个是国有公司，而在6个油气公司以外的4个公司中有两个是运输公司。当然，这些公司远非唯一依靠化石燃料的公司。几乎每个大公司和每个国家的政府使用和分配的能源都大多是化石燃料。大部分重工业都使用化石燃料来加热或冷却生产线上的产品。大多数大银行和养老基金都对化石燃料倾注了大量投资，而化石燃料恰恰威胁着我们为之储蓄的未来。要给如此根深蒂固的制度带来改变，需要采取若干经过仔细斟酌的步骤。从事能源转换分析的人士预言，银行、养老基金和政府为了避免巨大亏损，将脱手越来越多的煤炭和石油股票。会有呼声要求从政者把目前用来补贴化石燃料部门的数千亿美元转而用于推动可再生能源发展。地方政府已经开始从自家发电的住户那里高价购买他们的盈余电力，并帮助社区构建自己的可再生能源发电的微电网。

今天难以看清的其他趋势可能也会大大加速脱离化石燃料的努力。一些分析家预言，自动驾驶汽车的面世将带来交通运输部门的革命。[8] 他们估计，不出几年，城市居民就会放弃拥有汽车，只在需要的时候叫车。那些车都是电动车，自己会用清洁能源充电，可以由汽车制造商直接管理，这样可以鼓励整个汽车产业提高效率和可靠性。

人们普遍承认，结束对化石燃料依赖的最有力的刺激手段是对碳排放制定全球性的高代价——征收碳税来惩罚所有的排放者。瑞典政府在20世纪90年代引进了这个税目，促使许多经济部门大量弃用化石燃料。斯德哥尔摩应变中心（Stockholm Resilience Centre）[9] 提出，从每排放 1 吨二氧化碳征收 50 美元起，之后逐步加价，这足以刺激从肮脏能源向清洁能源技术的迅速转变，促使仍然依靠化石燃料的行业大力提高效率，并鼓励最聪明的头脑去寻求降低排放的新技术、新方法。这样做的时候，应注意保护社会中最贫穷的人，但研究表明，这是完全可以做到的。[10] 简言之，碳税会大大加快我们需要的可持续革命。

随着新的、清洁的无碳世界逐渐形成，各地人民将开始感受到靠可再生能源驱动的社会的好处。噪声会减少。空气和水会更加干净。我们会开始纳闷，对每年数百万人由于恶劣的空气质量而过早死亡这个问题，自己为什么忍受了这么久。较穷的国家如果还有森林和草原，可以把自己的碳信用额卖给仍在依靠化石燃料的国家。穷国在设计自己的发展蓝图时，可以纳入可再生能源和低排放生活的概念。也许有一天，它们的智能清洁城市将成为地球上最宜居的地方，能吸引每一代人中最出类拔萃的精英前来居住。

　　这是白日做梦吗？不一定。至少 3 个国家，冰岛、阿尔巴尼亚和巴拉圭，已经完全不用化石燃料发电了。另外 8 个国家发电使用的能源中，煤炭、石油和天然气只占不到 10%。这些国家中有 5 个是非洲国家，另外 3 个来自拉丁美洲。能源转换和整个可持续革命给迅速发展的国家提供了一个非凡的机会，使它们能够另辟蹊径，弯道超车，走到许多西方国家前面。

　　摩洛哥是拥抱可持续革命的范例。世纪之交时，它的能源几乎全部依赖进口的石油和天然气。今天，它国内用电需求的40% 都依靠本国的可再生能源电站网，包括世界上最大的太阳能电站。它在带头探索一种希望很大、相对便宜的储电方式，即熔盐技术；这种技术用普通的盐来保存太阳的热能，可以保存好多个小时，这样就可以通宵使用太阳能。摩洛哥位于撒哈拉沙漠边缘，有一条与南部欧洲直接相连的电缆。有朝一日，它可能会成为太阳能的净出口国。对一个没有化石燃料的国家来说，这是一张通往更加繁荣的世界的车票。

历史表明，只要鼓励方法对头，短时间内即可引发深远的改变。有迹象显示，化石燃料领域已经开始出现这种改变。在全球范围内，煤炭使用在2013年达到了高峰。投资者的撤离使煤炭产业陷入了危机。石油高峰预计将在今后几年内到来，与新冠疫情爆发相关的石油价格暴跌甚至可能会让石油高峰提前到来。我们也许还有机会创造奇迹，在21世纪中期建成一个清洁能源的世界。

还有一点使我们有理由在这方面抱有希望，那就是在我们推广清洁能源的同时，作为拯救地球的弥补办法，我们可以主动把释放到空气中的一部分碳捕捉回来锁住，使其不再造成损害。碳捕集与封存对于需要争取更多时间来逐渐淘汰化石燃料的政治家和企业界领导人来说，不啻天赐大礼。可以用滤网拦住化石燃料发电站释出的一部分碳；可以用装着扇叶的高塔直接从空气中收集碳；可以在生物能源发电站消化能源作物的同时收集温室气体；可以用专门的设施把碳用气泵打入岩石深处并牢牢锁住，使之不再为害。有些地球工程师提出了一些探索性的主意，包括对快速增殖的细菌和海藻群落予以利用，向海洋里加铁来给其"施肥"，用泵将二氧化碳打入海底深处，以及借助大气层上层的尘埃来遮挡阳光。有些想法理论上也许可行，有几个也许能实际应用，但迄今为止，我们对这些想法的了解极为不足，而且它们还可能产生无法预见的负面后果。

如果不仅关心气候变化，而且关注生物多样性损失，就会清楚地知道，有一个好得多的捕集碳的办法，那就是重新野化世界。这个办法能从空气中吸收巨量的碳，将其锁在不断扩大的自然荒野之中。若是与全球减排并举，这个基于自然的解决办法将成为终极的双赢之法，一举实现封存碳和增加生物多样性的双重目标。在许多栖息地做的研究表明，生态系统的生物多样性越丰富，捕集并封存碳的能力就越强。[11] 基于自然的碳捕集应该成为各国政府、基金管理人和企业的投资方向。我们所有的减排努力都应并入一场由全球出资、靠各国支持的重振野生世界的运动。地球的每一个栖息地都要大力开展这一运动，在阻止气候变化的同时防止第六次大灭绝。有些成果最快只需几年就可实现，最为壮观的将表现在野生世界最广大的疆域之中。

重新野化大海

海洋覆盖着地球表面的 2/3。它的深邃意味着它包含的栖息空间所占的比例甚至更大。所以，在我们重新野化世界的革命中，海洋起着特殊的作用。帮助海洋世界恢复，可以一举三得，而且都是紧急大事 —— 捕集碳、增加生物多样性和为我们自己提供更多食物。这方面的努力要从目前给海洋造成最大伤害的产业 —— 渔业 —— 着手。

渔业是世界上最大的野生动物捕获业，这意味着如果方式正确，它是可以持续的，因为这里面的利益是相互的：海洋环境越健康，生物多样性越多，鱼就越多，我们的食物也就越多。那么，为什么现在不行了呢？我们在一些海域对一些鱼类捕捞过度。我们浪费太多。我们使用粗暴的捕捞技术，损害了生态系统。最具破坏性的是，我们的捕鱼船无处不到。浩渺的海洋已经没有一处鱼儿的藏身之地了。以卡勒姆·罗伯茨教授为代表的海洋生物学家解释说，如果我们以海洋科学已知的信息为指导来采取全球行动，所有这些问题都能解决。

首先，应该在所有沿岸海域建立一连串禁渔区，形成网络。目前，世界各地成立了 1.7 万多个海洋保护区。但是，它们只占海洋面积的不到7%，而且许多海洋保护区仍然允许特定类型的捕捞活动。[12] 鱼类的繁殖方式决定了海洋的相当一部分地区绝对不允许捕鱼。禁渔区使鱼能够活的时间更长，身体长得更大。鱼身体大，产的卵就多。生出的小鱼会扩散到邻近允许捕捞的水域去。从热带到北极，严格的海洋保护区周围都显现出了这种溢出效应。最初限制捕鱼时，渔民一般都会有抵触，但是不出几年，他们就能感受到这样做的好处。

卡波普尔莫（Cabo Pulmo）海洋保护区位于墨西哥加利福尼亚半岛（Baja California）顶端。20 世纪 90 年代，这片海洋的过度捕捞十分严重，渔民们万般无奈，只得同意了海洋科学家的建议，把沿岸 7 000 公顷的海域定为禁渔区。当地人说，1995年成立海洋保护区之后那几年是日子最难过的几年。以捕鱼为生的各家各户在邻近水域几乎打不到鱼，只能靠墨西哥政府发放的食品券勉强过活。渔民们眼看着海洋保护区里面的鱼群越长越大，经常禁不住想违反禁渔令。全靠着对海洋科学家的信任，他们才咬牙坚持下来。到第十年的时候，鲨鱼回到了卡波普尔莫。年纪大的渔民记得自己小时候看到过鲨鱼，知道它们的到来标志着海洋在恢复。仅仅 15 年后，禁渔区内的海洋生物就增加了 4 倍多，达到了与从未经过捕捞的礁盘相似的水平，鱼群也开始向邻近水域扩散。渔民们几十年都没有打到过这么多的鱼了，而且，他们家门口成了旅游点。卡波普尔莫的男男女女有了新的收入来源 —— 开办潜水用品店、民宿和餐馆。[13]

海洋保护区的模式之所以成功，是因为它阻止了我们去做根本不该做的事 —— 造成相当于海洋本金的核心鱼类的减少。在合法捕鱼区域内设立禁渔区等于只取利息。任何金融家都能告诉你，这是合理的、可持续的办法。禁渔区增加了所有鱼类种群的数量，于是本金越来越多，利息自然也就越来越多，表现为网中鱼的增多。渔船更容易捕到鱼，减少了在海上耗费的化石燃料，也减少了误捕。风高浪急时可以待在岸上，不必非得出海。设计合理、管理有效的海洋保护区能够带来捕鱼与海洋之间新的、健康的关系。据估计，如果我们把海洋划出 1/3 作为禁渔区，就足以使鱼类种群休养恢复，长久地为我们提供食用鱼。

建立海洋保护区最合适的地方是适宜海洋动物繁殖的地方，也可以说是海洋的育婴室，包括岩石礁和珊瑚礁、水下海山、海带丛、红树丛、浒苔场和盐沼。应该让这些地方周围水中的生物尽情生长，捕鱼只应去邻近的海域。海洋保护区也必然是帮助我们实现另一个大目标 —— 碳捕集 —— 的最佳场所。盐沼、红树丛和浒苔场即使在目前这种严重受损的状态中，还能从空气中吸收我们所有的交通运输造成的碳排放的一半左右。[14]这些栖息地一旦在禁渔区内得到保护，捕集的碳会更多。

捕鱼的方式也很重要。目前，我们采用的捕鱼方式太一刀切了。需要更聪明的办法。捕鱼的拖网应该有紧急出口，供非目标物种逃生；像金枪鱼这类大型食肉鱼应该用鱼竿和鱼线来钓；耙网采捞会破坏海底，应予禁止。需要时刻监督关键鱼类，也需要自我克制，不要超出可持续的捕鱼量。[15]应该鼓励采用新的区块链方法来追踪鱼从码头到餐盘的轨迹，以确知我们吃的鱼从哪里来，并奖励采用可持续捕鱼法的渔业企业。

归根结底，我们的目的应该是能够永远捕鱼，而不是赚快

钱。要尊重这样一个事实：从大海里捕捞的海产是人类的共同资源，应该让所有人都从中获益，特别是依靠鱼作为首要蛋白质来源的大多来自贫穷群体的那 10 亿人。只取己之所需，而非己之所能，这一理念贯穿于帕劳人民的传统之中。帕劳是个太平洋热带岛国。那里的人民在自己的群岛上生活了 4 000 年，与世界其他地方隔着数百英里的大洋，鱼类的可持续性一直是他们最关注的。世世代代的长老细心监督着礁盘里的捕鱼活动，如果哪种鱼开始减少，他们就迅速采取行动。他们援用古老的"bul"规则，即禁止规则，立即把一块礁盘变为禁渔区，直到邻近水域再次游满了从那块礁盘里来的鱼后才解禁。

这个传统现在成了该国渔业政策的核心。四次担任该国总统的小汤米·雷门格绍（Tommy Remengesau Jr.）说自己就是渔民，不过是暂时离职去为政府服务。他眼看着本国人口迅速增加，旅游者纷至沓来，日本、菲律宾和印度尼西亚的商业渔船队驶入帕劳的水域。当对海洋的需求变得太大的时候，他做了帕劳的任何一位长老都会做的事——禁止捕鱼。一些礁盘完全禁渔，另一些礁盘只许进行损害不大的捕捞。同时，他还宣布季节性禁渔，使受威胁的鱼得以平安繁殖。不过，最令人佩服的是雷门格绍关于帕劳的深海做出的决定。他宣布，帕劳不应该觉得自己有义务保持鱼类出口，而是应该按照本国人民和访客的食用需求确定捕捞量，换言之，回归生存渔业。他大幅减少了商业捕鱼许可证的数目，把帕劳领海的 4/5 设立为禁渔区，面积相当于一个法国。在余下的 1/5 海域里，少数几条渔船捕捞的金枪鱼只够所有的帕劳人和旅游者食用。令雷门格绍自豪的是，由于这一措施的溢出效应，帕劳人为邻国送上了一份大礼 —— 源源不断的鱼群。

现在是一个大好机会，可以把这种智慧用于 2/3 以上的海洋，相当于地球面积的一半。名为公海的国际水域不属于任何人。它们是共同空间，所有国家均可任意在此捕捞，而这正是问题所在。有几个国家决心花数十亿美元补贴本国在公海上捕鱼的船队。即使能捕捞到的鱼太少，已经无利可图，这些国家的船队仍靠着政府补贴在继续捕鱼，说白了就是用公款来掏空公海。这方面最令人失望的是欧盟、美国、韩国和日本，它们完全经受得起停止补贴远洋捕鱼的后果，却依然这样做。有件事令人燃起了希望，就在我撰写本书之时，联合国和世界贸易组织正在制定管理公海的新规则，[16] 决心结束发放渔业补贴的有害做法，给深海中遭到过分捕捞的鱼类一定的喘息机会。不过，我们显然可以再进一步。如果把公海全部设定为禁渔区，就能把被我们无休止的捕捞弄得筋疲力尽的大洋变为兴旺丰盛的自然野生世界，那里繁殖的鱼类会更多地进入沿岸海域，而且大洋的生物多样性也会为我们的碳捕集助一臂之力。公海将成为世界上最大的野生动物保护区，这个不属于任何人的地方将变成人人爱护的地方。

但是，要解决目前的问题，只靠这种办法已经不再适合。90% 的鱼类要么已经被过度捕捞，要么到了极限。这在过去几年的全球捕捞记录中显示得清清楚楚。20 世纪 90 年代，就在我们拍摄《蓝色星球》的时候，人类达到了另一个高峰——捕捞高峰。自那以来，全球的年捕捞量一直未能超过 8 400 万吨左右。当然，与此同时，随着世界人口的增加和平均收入的提高，对鱼类的需求稳步增长。到哪里去找更多的鱼呢？人类再次绕过了承载能力的难题。从 20 世纪 90 年代中期开始，养鱼，或称水产养殖，开始成倍扩大。1995 年，水产养殖生产了 1 100 万吨海鲜。今天，这个数字达到了 8 200 万吨。[17] 我们通过养鱼把捕捞量增加了一倍。

我们本来有可能通过水产养殖来做急需做到的事，即减少全球对野生海鲜的需求，但我们迄今采取的工业化养殖手段中有很多是不可持续的。红树丛和浒苔场这类海岸栖息地被清除，腾出地方来建立岸边养殖场。主要养殖品种是鱼、虾和蛤蜊，它们常常挤得密密麻麻，出现疾病是常有的事，结果养殖场不得不使用抗生素和消毒剂，而这些药品又和疾病一道散布到周边的海水中。为了饲养鲑鱼等肉食性鱼类，从海里捕捞上来的饵鱼多达几十万吨，剥夺了野生鱼类的食物；这给海洋造成的破坏和过度捕捞一样糟糕。养殖场产生的大量废水从养殖池流入周边的水中，使浅海养料过剩，造成水华，吸干了沿岸海域的氧气。有些养殖场的水中全是河水带来的毒素，食物中毒的警示时有发生。外来物种经常从养殖场中逃出，把当地脆弱的生态系统搅得大乱。

好在今天海洋水产养殖部门有一些最佳做法正在应对这些问题。[18] 采取这类做法的养殖者显示了如何能很快实现海产养殖的可持续性。他们在海上分散设置鱼池来冲淡所造成的危害，许多鱼池离岸边数英里远，以利用远处较强的洋流。他们大大降低池中鱼的密度，以减少疾病的发生，还给鱼打疫苗，这样就不必在水中使用抗生素。沿海城市用食物废料养殖数以几十亿计的苍蝇，用它们做成昆虫蛋白质，和用农作物榨的油混在一起制成鱼食喂养食肉鱼类。鱼类养殖场分上下几层，海参和海胆这两种在亚洲很受欢迎的海产养在挂在鱼池下方的笼子里，靠食用从鱼池掉落下来的废料为生。鱼池周边拉着绳索，上面满是贻贝和蛤蜊以及一丛丛的食用海菜，海面洋流从鱼池中冲走的富余鱼食和废料就是它们的食物。

世界各地的沿海人民都能使用这些可持续的方法增加从海洋中获得的食物和收入，还不会损害当地的环境，这方面的潜力巨大得惊人。不久后，很可能就有海洋养殖户在离你最近的海岸不远处的海上开业。

就连过度捕捞者也可能加入养殖的行列。海带是地球上生长最快的海草，它那宽宽的棕色叶片一天就能长半米。它在海岸边营养丰富的冷水中繁茂生长，形成广阔的水下森林，容纳着种类惊人的各样生物。推开高大坚韧的海带叶片，在海带林里游来游去是一种奇妙异常的体验。你永远不知道拨开挡着面罩的海带后会看到什么！海带林极易遭受海胆的攻击，在我们消灭了海獭等以海胆为食的动物的地方，整片整片的海带林被海胆吃得精光。但是，如果我们出手帮助，水下的海带林就可以恢复，而这对我们自己也十分有益。海带在向上生长的过程中，为无脊椎动物和鱼类提供了居所，关键的是，还会捕集巨量的碳。实验表明，每 1 吨干海带包含着相当于 1 吨的二氧化碳。随着海带的长大，我们可以用可持续的方式收获它，用它作为一种新的生物能源。海带和陆上的生物能源作物不同，它恢复生长不会跟我们以及陆地上的野生物种争夺空间。如果在分解海带时结合使用捕集二氧化碳的碳捕集与封存技术，我们就进入了一个新的领域。届时，发电活动实际上反而能够从大气层中去除碳。[19] 海带还有其他用途，例如可以供人食用，也可以成为牲畜或鱼的饲料，或者可以用来提取有用的生物化学物质。目前，几个研究团队正在探索大规模海洋林业的可行性，所以我们不久就能知道此事是否有可能进行。有一点是确定无疑的，那就是如果我们停止对海洋的过度开发利用，在收获它的物产的同时让它兴旺发达，海洋就会帮助我们恢复生物多样

性，以我们凭一己之力根本不可能达到的速度与规模重建地球的平衡与稳定。更好地管理渔业，精心设计海洋保护区网，支持地方社区以可持续的方式管理沿岸海域，在世界各地恢复红树丛、浒苔场、盐沼和海带林——这些是实现上述目标的关键因素。

让出更多空间

全新世期间，人类不断扩张地盘，将野生动植物的栖息地变为农地，这是地球自有人类以来生物多样性损失的最大直接原因。绝大多数垦荒活动发生在近代。1700 年，地球上只有约 10 亿公顷的农地。今天，农地总面积差一点就到了 50 亿公顷，相当于北美、南美和澳大利亚的面积总和。[20] 这意味着我们现在占据了地球上可居住面积的一半以上。过去的 3 个世纪里，我们为了获取这额外的 40 亿公顷的土地，砍倒了季节性森林和雨林，清除了林地和灌木丛，抽干了湿地，围起了草原。这种破坏栖息地的行为不仅是造成生物多样性损失的罪魁祸首，而且至今仍旧是温室气体排放的元凶之一。世界上的陆地植物和土壤加起来，包含的碳比大气层多一到两倍。[21] 我们砍倒树木、焚烧森林、抽干湿地、耕种荒原，迄今已经释放了大地在漫长的历史中存储的碳的 2/3。消除自然荒野给我们带来了高昂的代价。

现代的工业化农地即使已经成熟，也无法替代野地。人们看到农地，很容易以为那就是自然景观，其实它非常不自然。农地和野生栖息地的运作方式截然不同。野生栖息地经过长期演变实现了自给自足。栖息地里的各种植物合作捕捉并储存生命的一切宝贵要素——水、碳、氮、磷、钾，等等。它们必须自给自足，还要为将来积蓄。慢慢地，它们锁住了碳，结构更加复杂，生物多样性日渐丰富，土壤包含的有机物质也越来越多。

现代的工业化农地则很不一样。它要靠我们来维持。我们给它一切我们认为它需要的东西，去掉一切它不需要的东西。如果土壤贫瘠，我们就施肥，有时甚至多到对土壤中的微生物有毒的地步。如果水不够，我们就从其他地方引水过来，因而减少了自然系统中的水。如果土地上长出了其他植物，我们就用除草剂将其除掉。如果昆虫阻碍了庄稼的生长，我们就用农药将其杀死。庄稼收割后，我们经常砍掉地上的所有植物，深翻土地，将土壤暴露在空气和阳光中，使它的碳储存挥发殆尽。我们多年在草场上放牧畜群，把草场的储存耗尽，使之精疲力竭。农地靠外来的辅助，它没有为未来积蓄的内在需求。慢慢地，大多数工业化种植的农地会排放碳，其土壤结构会日趋简单，失去生物多样性和有机物质。[22]

起伏的丘陵上开阔的田地、葡萄园和果园尽管赏心悦目，其实与被它们取代的野地相比是了无生气的环境。事实是，除非我们停止扩大工业化耕种的农地面积，否则无望阻止生物多样性的损失，也不可能维持人类在地球上活动的可持续性。的确，如果要让大自然开始恢复，就必须更进一步，积极主动地减少我们所占土地的比例，把空间还给野生世界。这怎么才能做到呢？人要吃饭，随着人口的增加和生活水平的改善，我们需要的食物只会有增无减。下面会看到，解决严重的食物浪费问题当然会有帮助，但即便如此，按照食品业专家的计算，我们在今后40年中也必须生产比整个全新世历史中收获的全部庄稼还要多的粮食。需要解答的关键问题是：如何少占地，多产粮？

荷兰的一些农夫最有资格回答这个问题，他们做的事情对我们深有启发。荷兰是世界上人口最密集的国家之一。它那不大的国土上散布的农场本来就远远小于许多工业化国家的农场，而且没有扩大的空间。于是，荷兰农民成了使每公顷的产出最大化的专家。这造成了巨大的环境代价，但有些务农家庭在过去80年中做出了改变，可以启发激励全球各地的农业活动。

20世纪50年代，经历了第二次世界大战的荷兰人痛定思

168

痛，特别希望各家都能自给自足，有足够的土地自己种粮食。典型的荷兰农场规模不大，养着几头牲畜，种着一些谷物和一些蔬菜。20世纪70年代，下一代人继承了农场后，采取了工业化方法，转而使用当时越来越普遍的产品，如化肥、温室、农机、农药和除草剂。每个农场专门种植一种或两种作物，各家在提高产量方面迭出奇招。但是，他们的高生产率靠的是柴油和化学品。至此，他们的做法和世界各地的农业生产方法相差无几。生物多样性、水质和其他的环境指标直线下跌。后来，到了2000年左右，他们的孩子接管了农场，这一代人中的一些先驱者产生了一个新的抱负，要继续增加产量，但也要减少对环境的冲击。新一代年轻农场主建起了风力涡轮机，或挖井利用农场下面的地热资源，用可再生能源给温室大棚供热。他们安装了自动气候控制系统，把大棚里的温度保持在最佳水平，同时又降低了水和热的损耗。他们把大棚顶上流下来的雨水全部收集起来重新使用。他们不是把作物种在土里，而是种在蓄满了富含养料的水的沟槽里，来尽量减少投入和损失。他们弃杀虫剂不用，改为适度释放害虫的天敌，这样他们自家养的蜂群就可以安全地给作物授粉。在敞田中，他们开始测量每平方米的水含量和养料含量，以确保土壤的含水量和健康达到最佳状态。他们学会了利用庄稼收获后留下的秸秆和干叶自己制造肥料，甚至是包装材料。

这些创新、可持续的农场现在是地球上产量最高、破坏最小的粮食生产单位。如果全荷兰以至于全世界所有的农民在劳作时都奉行这些开创性的荷兰家庭农场的理念，我们就能够用更少的土地生产更多的粮食。[23] 然而，农业的高科技方法成本很高。它对于把控着世界上大部分农地的大产粮公司来说也许大有启发，却对小规模农庄和自给小农没有帮助。这样的农民可以采用在世界各地不同情况中经实践证明有效的低科技方法来提高产量、降低环境影响。再生性农业成本不高，但它通过使富含碳的有机物质回到表土中，可以使大多数田地的贫瘠土壤再获生机。[24] 采用再生性耕种法的农民不用犁翻土，因为那会将表土暴露在空气中，向大气释放碳。他们也逐渐弃用化肥，因为化肥容易降低土壤的生物多样性，使之无法保持健康。他们在收获之后播种各种"覆盖作物"来保护土壤不直接遭受日照雨淋，并通过其须根将养分引入地下。他们实行轮种，轮换种植多达 10 种不同的作物，每一种作物需要的土壤养分都各不相同，这样土壤就永远不会过度疲劳。轮种也能减少虫害，因而减少农药的使用。他们甚至可以间种，在同一块地里间隔种植不同的作物，这些不同作物共同起到的作用是增加而不是耗竭土壤的肥力。这些技术最终会使贫瘠的土壤重新焕发活力，完全不再需要化肥，并从空气中捕集碳，将其归于大地。世界各地大约有 5 亿公顷的土地由于土壤贫瘠而被弃，大多是在比较贫穷的国家。再生性耕种法能够帮助这些土地再次成为丰产田，同时还能锁住大约 200 亿吨的碳。

现在还有一批农民不是在田地里，而是在已经有了其他用途的空间生产粮食。城市农业是在城市里从事商业化农业生产的做法。城市农业从业者的种植场地可以是屋顶上，也可以是废弃楼宇中、地下、办公室窗台上、城市建筑的外墙下、受污染的厂房旧址的集装箱里，甚至在停车场的上方——这还能为下面停的车遮阴。这些农场通常使用气候控制、节能照明和水培来为作物提供最佳生长条件，把对土壤、水和养料的需求减至最小。城市农场不仅充分利用被浪费的空间，还近在顾客身边，因而大大减少了运输过程中的温室气体排放。

这种方法的大规模应用是垂直农业。各种作物，经常是做沙拉用的蔬菜，一层层摞在一起，用依靠可再生能源发电的 LED（发光二极管）灯泡照明，用输料管供应养料。建立垂直农场耗资巨大，但它自有其优势。它可以将每公顷的收成提高 20 倍，还不受天气变化的影响，可以成为封闭的环境，做到无除草剂、无农药。现在已经有了几个这样的垂直农业企业，为周边城市的顾客提供用来做沙拉的叶类蔬菜这样用量低、价值高的食材。

＊　＊　＊

有了这些农业技术创新带来的成果，我们一定能在世界各地实现粮食产量的增长，同时还能降低排放。但事实是，这些改进，即使加上限制浪费食物的措施，也只能起到一定的作用。研究表明，地球上 90 亿到 110 亿人口要真正做到可持续，就必须在做出上述努力的同时改变饮食，尤其是在最发达的国家里。就节约空间、减少排放而言，我们吃什么可能比吃多少更重要。要明白这个道理，还是要向大自然寻求解答。

在非洲大平原上，成群的汤姆森瞪羚（汤氏瞪羚）把一天的大部分时间都用在吃草上。为此，它们必须花力气寻找最好的草，啃掉草叶，嚼烂草叶结实的外皮来吸收它内部的营养。它们只吃地上的草叶，留下土里的草根继续生长。它们在消化胃里的草时又会有一部分能量作为热能散发掉，而且草的大部分纤维没有消化就通过它们的肠道化作粪便排出。瞪羚和所有食草动物一样，只能利用它们吃掉的植物从太阳那里吸收的一部分能量。所以，能量从植物到食草动物的转移效率不高，发生了损失。这就是为什么牛和羚羊不得不在一天的大部分时间中不停进食。

食物链上不同等级之间能量的损失也发生在食草动物和食肉动物之间。猎豹是唯一跑得足够快，能抓住一只全力逃命的汤姆森瞪羚的掠食动物。它们一天中大部分时间都在寻找抓住瞪羚的机会。可即使它们看准猎物开始追了，多数情况中也抓不住。好不容易抓住一只瞪羚后，猎豹也只能获得瞪羚从草里吸收的全部能量的一小部分。大部分能量已经被瞪羚自己消耗掉了，因为它要到处找草吃，要和其他瞪羚互动，还要提防和躲避猎豹。另外，猎豹通常只吃瞪羚的肉，所以储存在瞪羚的骨头、筋和皮毛里面的能量都浪费掉了。

在食物链中每上一级，能量就损失一些，这就解释了野生动物数目的问题。塞伦盖蒂草原上掠食动物与被猎动物的比例是 1 比 100 多。大自然的现实限定了大型食肉动物不能太多。

我们人类既非食草动物，也非食肉动物。我们是杂食动物，具有动植物都能消化的身体构造。但是，世界各国人民在富裕起来的过程中，饮食量和饮食平衡开始发生变化。比较富裕的人吃肉逐年增多，而这就是我们对农地不可持续的需求的核心原因。我小的时候，食物相对较贵。我们吃的食物量通常比现在少，吃的肉也绝对比现在少。吃肉算是打牙祭。只是从不久前开始，由于世界富了起来，许多人才每天吃得到肉。肉食生产也实现了工业化，导致了价格的下降。吃肉和许多其他消费一样，在世界上分布并不平均。今天，美国人平均每人每年吃120 千克肉。欧洲国家每人每年吃 60 千克到 80 千克肉。肯尼亚的人均年吃肉量是 16 千克，而在印度，很多人出于宗教信仰

的原因吃素，肉食的人均年消费量还不到 4 千克。[25]

要为我们的餐桌生产一块肉，需要相当大一片土地。今天，用于生产肉类和乳品的农地占全世界所有农地的 80%，也就是 50 亿公顷中的 40 亿公顷，相当于北美洲和南美洲加在一起的面积。令人吃惊的是，这片土地很大一部分不是养牲畜用的，而是专门用来种植大豆这样的作物，经常是在一个国家种植，出口到另一个国家去纯粹用作牛、鸡和猪的饲料。所以，人们也许没有认识到牲畜其实到底需要多少空间。富裕国家的人买的肉也许是本国产的，但喂养动物的一部分饲料可能来自热带国家，那些国家为了种植牲畜饲料，正在摧毁本国的森林和草原。主要是在这些热带国家里，农地仍在扩张，其首要原因就是世界对肉食的胃口越来越大。

所有肉食中，一般来说牛肉的生产造成的破坏最大。我们吃的肉里，牛肉占比大约 1/4，却只占我们摄入卡路里的 2%，但是，60% 的农地是用来养牛的。每生产 1 千克牛肉比生产 1 千克猪肉或鸡肉所占的土地多 15 倍。将来每个人都和今天最富裕国家的人吃同样多的牛肉是根本不可能的事。地球上没有足够的土地生产那么多牛肉。

为了找出什么样的饮食能达到公平、健康、可持续的标准，能做到对人对地球都好，我们已经做了大量的研究。普遍认为，将来我们必须转向主要以植物为基础的饮食，大量减少吃肉，特别是红肉。[26] 这不仅能减少所需的农地，减少排放温室气体，也非常有利于健康。研究表示，如果我们从现在开始少吃肉，到 2050 年，死于心脏病、肥胖症和某些癌症的人数就能减少 20%，全世界节省的医疗费用可达 1 万亿美元。[27]

然而，吃肉和饲养牲畜是许多民族的文化、传统和社会生活的一个重要部分。肉食生产也是世界各地几十万人的生计，在许多地方没有替代产业。我们该如何从目前的状况过渡到基本上靠吃植物生存呢？我认为，这将是今后几十年中需要推动的第二大社会变革。在从生活中去除化石燃料的同时，我们还要减少对肉食和乳制品的依赖。事实上，这个变革已经开始发生了。最近的调查显示，1/3 的英国人要么不再吃肉，要么减少了肉类消费，39% 的美国人在努力尝试多吃以植物为基础的食物。[28] 许多其他国家也出现了类似趋势。的确，我自己就不是在某个时刻痛下决心，而是近些年来逐渐停止了吃肉。我这样做倒没有什么明确的目的，也并不因此而自觉有多高尚，但我惊讶地发现自己并不馋肉。整个食品工业都在忙着想办法适应这个潮流。

最大的快餐连锁店和超市现在都在尝试替代蛋白质。这种食品的外观、口感和滋味都跟肉或乳制品非常相似，但没有动物福利问题，也没有饲养牲畜产生的环境影响。现在，用植物做的替代牛奶、奶油、鸡肉和汉堡的食品很容易找到，有的几可乱真，也含有人体需要的所有营养。这些产品的成分中都有大豆，我们吃它们就是将自己放在了食草动物，而非食肉动物的位置上。这比吃用大豆饲养的动物对环境造成的损害轻得多。

　　未来的某个时候，清洁肉类将出现在货架上。它们是用真正的动物组织分离出来的独立细胞培养而成的产品。因为清洁肉类生产不涉及饲养牲畜，所以它的效率很高。细胞组织靠喂给它的一种包含各种重要营养素的高级生长剂来生长。制造清洁肉类不需要多少水、电和空间，牵涉的动物福利问题也少得多。

　　再以后，生物技术可能发展到能使用微生物按需生产几乎任何蛋白质或复杂的有机食品的程度。有些产品的生产可能只需要空气和水，供电则靠可再生能源。

　　目前，大多数替代蛋白质的生产成本仍居高不下，因为这方面的技术未臻成熟，而且并非所有替代蛋白质都已证明适于人类食用。还有一些替代蛋白质被批加工过度。不过，有人认为，一旦生产替代蛋白质的成本降至生产牛肉、鸡肉、猪肉、乳制品和鱼肉的成本水平，我们的食物供应链就会发生革命。[29]大部分容易替代的食品，如碎牛肉、香肠肉、鸡胸肉和乳制品，可以在几十年内就转用替代蛋白质来生产。即便上等牛排、高级奶酪和腌熏美味等比较专门的食品仍需使用传统方法制作，人类生产食物所需的土地也会少得多，使用的能源和水也会少得多，排放的温室气体也会少得多。替代蛋白质革命可以强力助推我们在地球上实现可持续性的努力。

联合国粮食及农业组织（FAO）估计，单以目前农业效率提高的速度来推算，我们到 2040 年左右就将达到农业高峰。[30]届时，自从人类 1 万年前发明农业以来，我们可能会首次停止侵占地球上更多的空间。通过以可持续的方式大幅增加粮食产量，使土壤退化的土地重新焕发活力，将农业活动扩展到新的空间，减少饮食中肉的比例，以及利用替代蛋白质的效益，我们也许能更进一步，开始逆转对土地的占用。据估计，人类只用现在农地面积的一半，即北美洲大小的地方，就能解决口粮需求。那样就太好了，因为我们迫切需要腾出来的那些土地。我们要在那些土地上竭尽全力增加生物多样性并捕集碳。未来受清洁绿色革命影响最大的是身在其中的农民，他们也将在这场革命中发挥关键作用。

重新野化大地

古时候，欧洲大部分土地上都覆盖着黑压压的密林。一个个小小的新生农业社群分散在欧洲大陆各地。对那时的农夫来说，森林是对头，是他们种田糊口的阻碍，是游荡着精灵和野兽的恐惧之地。他们在夜里给孩子讲童话故事，告诫孩子们千万不要独自走进森林。狼会吃掉他们当晚餐。森林会施魔法迷惑他们，让他们永远回不了家。巫婆会在森林里等着。征服森林的伐木人和猎人被奉为英雄。大林莽里锁着沉睡的公主和空无一人的巍峨城堡，它是永远的恶棍。

农夫们拼了命和森林斗争。他们焚烧砍伐一排排的栗树、榆树、橡树和松树，把森林从河边推上河谷的山坡。他们杀死林中的野兽，砍下兽头挂在墙上做纪念。他们学会了修剪树木，把白蜡树、榛树和柳树劈到根部，令其长成树干细长的树丛，好用来做栅栏、屋椽和床柱。他们的农庄扩大，人口增长了。他们的恐惧消退了。森林被驯服了。

砍伐森林是我们人类干的事。它象征着我们的统治地位。人类进步与森林消失的关系如此紧密，甚至出现了一个体现这种关系的公认模型。森林转型指的是一个国家先砍伐森林，然后森林回归的过程，这个过程往往发生于发展中国家。当人口数量少，并分散为各个自给型小农业社区的时候，人的力量仅能把森林分割成块。不过，这使得风和光得以进入林地，改变森林的内部环境，影响林中的物种组成。森林被分割得越碎，就越难以维持原有的生态社群。

农夫彼此间交换产品，引入了市场经济，农场变成了企业，田地的数量和规模开始增加。耕地价值迅速上涨，于是人们把目光投向了剩下的森林。大林莽很快被削减为一块块林地和田地间零散的矮树丛。不过，随着时间的推移，农业技术提高了产量，城镇吸引大批乡村人口流向城市，粮食和木材越来越多地从国外进口，结果，对农地的需求减少了。边缘农地首先被弃，森林开始回归。

第二次世界大战打响时，欧洲大部已经进入了这个转型期的森林回归阶段，森林净覆盖面积开始增加。在美国东部，欧洲人到来后森林以异乎寻常的速度飞快减少，但到了 20 世纪上半叶，也开始了森林回归。从 1970 年至今，美国西部、中美洲的部分地区和印度、中国、日本的一些地区也进入了森林回归阶段。必须说明，所有这些国家和地区进入森林回归阶段的一个重要原因是，由于全球化，它们越来越多地从不发达国家进口粮食作物和木材。因此，热带地区的森林砍伐至今方兴未艾毫不奇怪。许多热带国家靠着向比较富裕的国家出口牛肉、棕榈油和硬木来赚取收入，它们正在砍伐最深、最密、最天然的森林 —— 热带雨林。那么，应该鼓励它们尽快完成森林转型吗？可惜我们等不起。如果任由热带地区自然完成森林转型，释放到空气中的碳会多到不可承受，许多物种以后就只能在历史书中才看得到；这对整个世界来说不啻大灾难。现在就必须停止世界各地的一切森林砍伐，通过投资和贸易来支持那些尚未砍倒森林的国家在保住森林资源的同时从中获益。

然而，知易行难。保护野生土地和保护野生海洋完全不同。公海不属于任何人。领海由国家所有，政府能够在权衡利弊后做出广泛的决定。但土地是我们居住的地方。它分成数十亿大小不同的地块，被众多不同的商业团体、国家团体、社区团体和私人团体拥有和买卖。它的价值由市场决定。问题的核心是，今天我们无法为自然荒野及其为全球和当地环境提供的服务计价。在账面上，100公顷热带雨林的价值比不上一个油棕种植园。因此，砍掉野树被认为是划算的。改变这种情况的唯一切实办法是改变价值的含义。

联合国的 REDD+ 方案就是这样一个尝试。[31] 它是一种按照世界上硕果仅存的雨林所储存的巨量的碳来为雨林确定合适价值的方法。确定了碳的价值，就有可能使雨林所在国的人民和政府因保持雨林的野生状态而得到报酬，报酬的部分资金来自碳抵消。理论上，REDD+ 是可行的。然而在实践中，土地所有权和土地价格所涉的各种复杂因素造成了重重困难。原住民抗议说 REDD+ 贬低了森林的价值，使之仅仅成为一种货币符号，还鼓励了一种新形式的殖民主义。赚钱的机会引来了其他国家的所谓碳牛仔，他们随着雨林价值的升高蜂拥而至，争相在雨林里大肆圈地。另一些人担心，如果创立一个可以在热带抵消碳的制度，大型产业会用 REDD+ 作为继续使用化石燃料的申辩理由。

什么东西一值钱，就会引动人的贪心，这是可悲的现实。REDD+ 目前在南美、非洲和亚洲执行项目的经验表明，人们期待它找到自我改善的方法。我们的确需要 REDD+ 这样的制度。它是一个勇敢的尝试，试图解决大自然的价值被低估这一根本性问题，因此必须坚持下去。我们都本能地明白基本的道理。地球上尚存的森林、雨林、湿地、草原和林地其实是无价的。它们储存的碳一旦释放出来，我们将无法承受。它们为我们提供的环境服务必不可少。它们蕴含的生物多样性我们丢失不起。怎么能将这一切反映在我们的价值体系中呢？

也许我们需要改变货币。仅仅根据大自然捕集和封存的碳量来为大自然定价有一个危险，那就是碳成了我们唯一重视的东西。这过分简化了大自然对人类的价值。更糟的是，它可能会使我们误以为生长迅速的桉树种植园和生物多样的森林具有同等价值。我们可能会决定在不再需要用来种粮食的农地里种植单一的生物能源作物，而不是退耕还林。碳捕集与封存极其重要，但不是全部。它并不能阻止第六次大灭绝。要创造一个稳定健康的世界，需要珍视爱护的是生物多样性。毕竟，如果增加了生物多样性，自然就能实现最大限度的碳捕集与封存，因为一个栖息地的生物多样性越丰富，捕集和封存碳的能力就越强大。如果我们的世界给生物多样性确定合适的价值，鼓励土地拥有者在任何地方以任何方式增加生物多样性，那会怎么样？

那将产生神奇的效果。原始雨林、原生温带森林、未经人力侵扰的湿地和自然草原突然间将成为地球上最宝贵的不动产！拥有这类野地的人会因为继续保护它们而得到奖赏。森林砍伐将立即停止。人们很快会认识到，种植油棕或大豆的最佳地方不是原始雨林占的土地，而是多年前已经把树木砍光了的土地——反正这样的土地有很多。

我们会鼓励人们想办法在利用纯粹的自然荒野时不降低它的生物多样性或碳捕集能力。这样的办法确实存在。本着尊重大自然的精神在原始雨林里寻找未知的有机分子，以求找到治疗疾病的新方法，或制成新型工业材料，或做出新型食物——这样的做法可以接受，条件是当地社群同意，而且做出的发现所产生的商业效益要给守护森林的当地人带来收入。只砍掉选定的树，小心地按照森林自然淘汰的速度将其去除——这种可持续伐木[32]是允许的，因为事实证明这样做可以维护生物多样性。[33]生态旅游让大家亲身体验受到保护的大自然奇景，可以给自然野生风貌区带来巨大的收入，又不对环境产生重大冲击。的确，将来野趣盎然的地区越多，能去旅游的地方也就越多。

我们还会做出巨大的努力去扩大与纯粹的荒野相邻的土地，并使其恢复自然状态。对于这些努力，最合适的领头人是

PART THREE 未来憧憬

生活在受人力干扰最少的荒野地区之内和周边的当地原住民社群。生态保护项目的经验表明，只有在当地社群充分参与增加生物多样性的规划并直接从中受益的情况下，积极的变化才能长期维持下去。发生在肯尼亚的一个故事是个很好的例证。马赛人以放牧为生，数百年来在塞伦盖蒂大草原上带着他们的牛羊和野生动物一起吃草。他们不吃四周的野生动物。他们甚至容忍野兽每年把他们的牛吃掉几只。随着肯尼亚的发展，马赛人的人口也增多了。后来，家养牲畜的过度放牧开始成为问题。在它们附近生活的野生动物开始消失。为应对这个问题，马赛人各家联合起来创建了保护区，以促成野生动物的回归。他们同意在放牧时注意保护多种植物，这吸引了很多不同种类的食草动物回归。当然，食肉动物也随之而来。保护区重新野化后，他们给对环境影响不大的观赏野生动物的观光小屋发放了许可证，允许其在他们的土地上营业。这个模式开始日见成效。回来的野生动物越多，来旅游住宿的人就越多，马赛人的收入也越多。仅仅几年后，一些马赛人已经开始减少自己的牲畜数目，好进一步增加野生动物的数量。我在 2019 年访问这些保护区时，年轻一代的马赛人争相告诉我，他们现在重视野生动物更甚于自家养的牲畜。邻近的马赛社区看到他们的成功，现在也采用了保护区模式。通过成立用野生动物走廊连接起来的保护区网络，不出几十年，就有可能使得野生草原从维多利亚湖的

岸边一直延伸到印度洋。原因很简单——人们发现生物多样性
有真正的实际价值。

就连欧洲很久以前就得到开垦的土地也有希望重归自然。
随着对产粮地需求的下降，欧洲国家的政府表示，它们可能会
改变给农民的补贴，转而鼓励农民在使用土地时尽可能地增加
生物多样性和碳捕集。[34] 这种新制度可能在欧洲千百万公顷的
农地上引发惊人的反应。我们很可能会看到灌木重新长起来形
成树篱，取代人造栅栏。在林下种庄稼的复合农林业将呈现爆
炸式增长。农场上会重现池塘和河道。对生物多样性有害的农
药和化肥将渐失吸引力。农民可能会转而种植可以把害虫从庄
稼那里引开的作物，并采用有助于再生的技术使土壤自然而然
地肥沃起来。

最热心提倡这种野化种田方式的也许是肉类生产者。人们
采纳了以植物为基础的饮食后，买的肉少了，可能也会更加挑
剔，更重质量而非数量。他们可能会特意去买使用能够捕集碳
和促进野生动植物生长的方法饲养的牛、羊羔、猪和鸡的肉。
为满足顾客需求，养殖农也许会放弃原来的密集型围栏育肥技
术，不再使用进口饲料喂养层架式鸡笼里的家禽，而是转用别
的方法，如林牧复合，即长年在林地里放养畜禽。用这种方法
饲养的禽肉产量比密集型喂养低得多，但其无害地球的生产方
法提高了肉的售价。树木把动物排放的废气完全抵消后仍有多

余作用，还可以为动物遮蔽烈日和风雨，这对改善动物的健康和产肉量都很有必要。反过来，动物则为土壤施肥，并吃掉不受欢迎的杂草。

林牧复合大获成功，就是因为它复制了自然状态。史前时代，欧洲成为大林莽盘踞之地很久以前，是一片有树的草原，草场上分散着一片片野树林。这种风景是各种野生动物游荡进食造成的，那些动物中有体形巨大、性情凶暴的古代欧洲原牛，有现已绝种的欧洲野马，还有成群的欧洲野牛、驼鹿和野猪——所有这些动物在法国的史前洞穴岩画中都有描绘。英格兰南部两位大胆创新的畜牧者正在努力重建这类天然的动物种群。

2000 年，查理·伯勒尔（Charlie Burrell）和伊莎贝拉·特里（Isabella Tree）决定在他们 1 400 公顷的农庄克内珀庄园（Knepp Estate）放胆一试。[35] 农机和农用化学品价格的不断上涨把他们土地贫瘠的农场推到了破产的边缘。于是，他们决定放弃干了一辈子的商业耕种，让农场回归自然。他们把所有田地整成一大片开阔地，选择品种与数千年前生活在这片土地上的动物最为相近的牛、矮种马、猪和鹿，让它们混在一起，一年到头随意游荡，没有人工喂养。食草动物这样自然而然的共同生活方式复制了大自然中动物的互动。在大自然中，斑马和角马一起吃草。斑马吃较硬较高的草，留下的是角马消化得了的比较柔软的叶片肥大的草。研究显示，用这个方法让牛和驴

混在一起吃草的时候，它们比分开喂养增肥快得多。在野生环境中，这个措施以及许多其他互补性措施的效果显而易见。这一切对于确定土地的未来发展方向起到了重要作用，并开始给克内珀庄园带来全新的面貌。放养的各种动物像史前英格兰的野生动物群一样共同活动，开始把千篇一律的农田变为新的沼泽、树丛、灌木林和林地。结果，农场的生物多样性出现了爆炸式增长。短短 15 年内，这里成了在英格兰寻找各种罕见的土生植物、昆虫、蝙蝠和鸟类的最佳地点之一。

查理和伊莎贝拉的野地农场仍在生产食物。每一年，他们都对农场中不断变化的植被能养活多少动物做出估算，然后把多余的宰杀掉。事实上，他们扮演了顶级掠食动物的角色。

克内珀不是保护项目，因为它没有目标，也并不特意偏向某些物种。它不过是让动物来决定地貌，而动物们干得好极了。克内珀庄园不仅拥有破纪录的生物多样性，它的肥沃土壤还在吸收数以吨计的碳，农场地上河道的改变也在减轻下游的洪水。可以说，克内珀庄园这个运营良好的畜牧场现在是最接近不列颠古时自然状态的地方。热情前来的参观者络绎不绝。农场除了肉类收入和得到的补贴外，还能通过生态观光游和野生世界宿营增加收入。

在生物多样性得到适当回报的时代，野地农场会普遍存在。只要模仿自然状态中动物群体的组成来混养动物，就能使环境回归自然状态。如果无法靠旅游来补充收入，也许可以从事其他副业，如清洁发电。今天制造的巨大风力涡轮机可以竖立在开阔的草场上，甚至像德国正在做的，安装在森林上方，这样就不会打扰下方的野生状态。未来的畜牧场主如果能得到合适的支持，可以不仅生产食物，还能修复土壤、从事碳贸易、做护林员、当导游、生产能源、照料大自然——总而言之，做善于发掘土地的自然潜力、利用其可持续价值的土地监护人。

可以想象，有了合适的动力，野地农场可以扩大规模，改变土地的全貌。就生物多样性而言，地区大了，回报总会更大。如果相邻的土地拥有者同意共创收入，他们可以联起手来创建没有边界的广大园区，在很多方面类似马赛人的保护区。目前，一些土地拥有者已经组成了群体，开始把几十万公顷的土地连成一片，在北美大平原上和欧洲喀尔巴阡山脉覆盖着森林的陡峭山谷里执行增加生物多样性的项目。[36] 这是有可能做到的。

一旦工作大规模铺开，就有机会实现重新野化最激动人心也最有争议性的雄心——重新引进大型食肉动物。在生物多样性和捕集碳得到回报的世界里，如果有足够的空间，就应该这样做，因为它会带来所谓营养级联效应的好处。最出名的例子是 1995 年美国黄石国家公园重新引进狼的举措。狼群回来前，大群大群的鹿在河谷和峡谷处长久驻足，啃食长在那里的灌木和小树苗。狼来了以后，鹿群不再这样做了，不是因为狼群吃掉了很多鹿，而是因为狼把所有的鹿都吓跑了。鹿群的日常活动发生了变化。现在，它们频繁移动，不再在空阔处长时间停留。没出 6 年，树长了回来，浓荫遮住了水面，鱼可以躲起来不被发现。谷底和坡上长出了一丛丛大齿杨、柳树和三角叶杨。林间鸟类、河狸和野牛数目大增。狼群也猎杀郊狼，致使野兔和田鼠有所增多，于是狐狸、鼬和鹰的数目也随之增加。最后，就连熊也增多了，因为它们可以捡食狼群吃剩的动物尸体。秋天到来后，熊还能大嚼长在树和灌木上的浆果，以前这些树和灌木得不到机会长出果实。[37]

　　结论十分明显：在黄石公园这样的地方要增加生物多样性，要捕集碳，只需把狼引进来就可以了。欧洲大陆的森林转型进程预计到 2030 年会产生 2 000 万到 3 000 万公顷的废弃农地，现正规划如何处理这些土地的欧洲人在积极探索这个思路。空出来的农地面积等于一个意大利。若想要森林通过自然成长回归农地，最好尽可能地增加它们的生物多样性和碳捕集效率。对于懂得大自然的真正价值及其对稳定与福祉的贡献的政府来说，野生世界的回归正在成为一个切实可行的政策选项。

　　所有刺激措施都是为了在 21 世纪末实现一个比世纪初更自然野性的世界。谁若心存怀疑，只需看一看哥斯达黎加这个国家，就会明白正确的鼓励措施能够取得多大的成果。一个世纪前，哥斯达黎加 3/4 以上的国土都覆盖着森林，很多是热带

雨林。到 20 世纪 80 年代，毫无节制的伐木和对农地的需求使该国的森林覆盖面积缩小到仅占国土的 1/4。政府担心继续毁林会减少野地提供的环境服务，于是决定采取行动，拨款给土地拥有者，让他们重新种植当地的树木。短短 25 年后，哥斯达黎加的一半国土就再次为森林所覆盖。现在，哥斯达黎加的野地创造的收入是国家收入的重要组成部分，也是该国身份特征的核心因素。

想象一下，如果我们在全球规模上做到这一点会是怎样的情形。2019 年的一份研究提出，理论上，重新长起的树木可以把人类活动排放到大气中的碳吸收 2/3。[38] 土地的重新野化是我们力所能及的，无疑也是很有价值的。在地球各处让土地重回自然野生状态将促成生物多样性的回归，而生物多样性将发挥它最拿手的作用 —— 稳定我们的星球。

规划人口高峰

至此，这个憧憬涉及的都是缩小人类消费留下的足迹，使自然状态以各种各样的方式实现真正的回归。如果我们全心全意地实施所有这些措施，对地球造成的冲击一定能大大减轻。

就连在生活中最幸运、目前留下的环境足迹最大的人，也会更接近可持续的生活方式。这样，我们整个物种对环境的影响就分散得比较平均。然而，要实现"甜甜圈模型"的宏大抱负，建立一个稳定的世界，使人人都能在世界有限的资源中获得自己公平的一份，就必须把我们自己的人口水平纳入考虑之中。

我出生时，地球上的人不到 20 亿，今天却接近于这个数字的 4 倍。世界人口仍在增长，尽管速度为 1950 年以来最慢的。根据目前联合国的预测，到 2100 年，世界人口将达到 94 亿到 127 亿之间。[39]

大自然中，任何栖息地的动植物数量一直基本不变，与栖息地的其他部分保持着平衡。如果在某个时候总数太多，每个个体在栖息地觅食就更加困难，有些会因此死去，有些会干脆离开。如果出生的幼崽太少，食物足够且有余，那它们的繁殖就很顺利，种群就会再次达到高峰。栖息地能够永久维持的种群数目有其上限，而每个物种的数目都在这个水平上轻微浮动。这个上限即一个环境对一个具体物种的承载能力，它代表着大自然平衡的根本。

地球对人的承载能力是多少呢？历史上不乏伟大的思想家提出各种理智的建议和可怕的警告，但我们从未达到大自然为我们设定的上限。我们似乎总是能发明或发现新的办法来利用环境为越来越多的人提供更多的食物、住房、饮水等生活必需品。事实上我们做到的不止于此。就在人口飞速增长的同时，我们还轻松自如地支持着远超基本需求的设施，如学校、商店、娱乐业、公共机构等。难道我们是无可阻挡的吗？

正在我们身边展开的大灾难确切地表明并非如此。生物多样性的损失、气候的变化、星球界限承受的压力——这一切都显示我们在迅速逼近地球对人类的承载能力的极限。自1987年以来，每年都宣布一天为"地球生态超载日"（Earth Overshoot Day）。它是日历上一个标志性的日子，标志着到那天为止，人类消费的资源已经超过了地球在那一年全年的资源再生能力。1987年，我们在10月23日超越了地球资源再生能力。2019年，这个日子提前到了7月29日。现在，人类一年中使用的资源是地球在同一时间内能够再生的资源的1.7倍。[40] 这个数字的60%是我们的碳排放足迹造成的，但它也清楚地表明人类对大自然的索取是多么贪得无厌。这种过分索取是我们行为的不可持续性的核心所在——我们在吃地球资源的老本，因而没有意识到地球真正的承载能力。有朝一日地球拒绝我们的过分索取，我们就大难临头了。

如果采用前面所述的所有方法来减少人类消费造成的破坏，就能有效地再次提升地球的承载能力，使更多的人得以共享地球。显然，要按照"甜甜圈模型"的要求让每个人得到公平的一份并改善所有人的生活，人口增长就必须稳定下来。好

人口转变模型

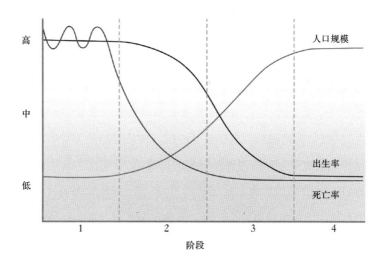

人口规模

高

中

出生率

低

死亡率

1　　　　2　　　　3　　　　4

阶段

在证据表明，改善生活恰好能够产生这样的效果。

　　地理学家用人口转变（Demographic Transition）一词来描述各国经济发展的历程。它共有四个阶段，但许多国家至今尚未走完所有阶段。人口转变的进展以出生率和死亡率的变化作为标志。国家沿着发展之路前行的过程中，先是人口急剧增加，然后在一段时间内保持高位稳定——可以称其为成熟。日本在20世纪经历了这个转变。该国曾经在数千年的时间内一直处于转变的第一阶段，是依赖农业的前工业社会，极易遭受旱涝灾害和传染病的打击。它的人口出生率高，但死亡率也高，所以人口总量变化很小，在千百年的时间里缓慢增长。然而，到1900年，日本开始了高速工业化进程。19世纪的日本政府决心防止本国沦为欧洲国家的殖民地，采取了"富国强兵"的政策。对科学、工程、交通、教育和农业的大量投资彻底改变了日本社会。工业化使日本步入了转变的第二阶段，出生率继续走高，但死亡率下降了。工业化改善了粮食生产、教育、医疗和环卫，导致死亡率剧降。因为妇女生的孩子仍然和过去一样多，通常有4个、5个或6个孩子，所以日本人口开始急剧膨胀。从1900年到1955年，日本人口翻了一番，达到8 900万。

　　第二次世界大战刚结束后，日本作为被盟国监管的战败国被迫放弃军事野心，通过实现与全球的经济联合来重建国家。"大加速"开始后，人们对洗衣机、电视机和小汽车等消费品的需求猛增，日本恰好成为专门的技术供应方。从 20 世纪 50 年代早期到 70 年代早期，日本发生了所谓的增长奇迹。城市快速发展，收入增加，教育改善，人民的期盼也水涨船高。但关键的是，出生率在这段时期突然下降。到 1975 年，平均每个家庭才有两个孩子。多数人生活的许多方面都有了改善，但生活成本也高了。养孩子的空间、时间和金钱都比以前少，而且多生孩子的动力也小了，因为饮食和医疗的改进降低了儿童死亡率。日本在经历人口转变的第三阶段，其间死亡率依然很低，但出生率下降了。随着家庭规模的缩小，人口暴增开始减缓。增长曲线达到了高峰。

2000 年，日本的人口是 1.26 亿。今天仍然是这个数字。人口稳定了下来。日本进入了人口转变的第四阶段——出生率和死亡率双双走低，也就是说它们再次互相抵消，使人口总数保持了稳定。日本的人口爆炸是暂时的一次性事件，最终被"大加速"带来的社会进步遏制住了。

今天，全球所有国家都在经历这个四阶段的人口转变。20 世纪发生人口激增，是因为数百个国家都在经历人口转变的第二阶段和第三阶段。可以为全世界的人口转变制作一个曲线图。世界人口的年增长率早在 1962 年就达到了高峰，自那以来，人口增长率基本上逐年下降。这意味着平均来说 1962 年是世界人口从第二阶段过渡到第三阶段的节点。从那时至今，地球上的平均家庭规模缩小了一半。20 世纪 60 年代初，妇女一般生 5 个孩子。今天，平均生育数是 2.5 个。世界正在接近第三阶段的终点。[41]

当然，重要的问题是：世界何时会完全进入第四阶段？世界人口何时会和日本人口那样达到高峰？那将是一个历史性的时刻，是人口学家所谓的人口高峰到来之际，是自从 1 万年前农业开始以来我们的人口首次停止增长之时。它将是我们恢复地球平衡的征程中的一个里程碑。

然而事实是，即使全世界都进入了第四阶段，人口增长仍要过很长时间才能见顶，原因是瑞典社会科学家汉斯·罗斯林（Hans Rosling）所谓的"不可避免的满溢"。[42]首先，家庭规模必须缩小到足够的程度，使我们达到孩子高峰，即标志着地球上孩子的数目停止增多的那个点。然后，我们必须等待人数最多的这一代孩子过了二三十岁的育龄期，才能看到人口实现高位稳定。说到底，只有过了母亲高峰，家庭规模极小化的时候，人口才会停止增长。

此外，预期寿命增加这个表面上看似积极的趋势也进一步增多了地球上的总人数；我本人无疑是这个趋势的一部分。各国在人口转变的过程中，预期寿命迅速攀升。在第一阶段，儿童早夭、疾病和饮食不良是生活中的常态，人均寿命在 40 岁上下。到第四阶段，人的寿命增加了一倍。预计到 21 世纪中期，世界上 65 岁以上的老人要比 5 岁以下的儿童多 1 倍以上。不可避免的满溢形成人口增长的巨大势头，和一个世纪前人口开始激增之前的静止不变恰好相反；由于这一势头，在 21 世纪内达到人口高峰是不可能的。2019 年，联合国人口司发布了对全球人口的最新预测。预测显示，如果全球人口转变按照我们的预期发展，人口将在 22 世纪初达到峰值，总数为 110 亿，比今天多 32 亿。曲线的性质决定，从 2075 年开始，人口基本上不会再增长，这距离今天只有 55 年的时间。但是，有没有办法让高峰来得快一些、低一些呢？

中国从 20 世纪 80 年代初开始实行计划生育，认为找到了正确的办法。且不论这一政策涉及的道德问题、推行起来的困难和对社会与文化的影响，并无多少证据表明这个办法比经济发展见效更快。在中国大陆平均每个家庭从 6 个孩子降到 1 个多一点的时候，中国台湾虽然没有一胎政策，但家庭规模缩小得更厉害，这纯粹是它迅速经历了自然转变的结果。[43] 看起来，实现人口稳定的最好办法是支持各国加快人口转变。在实际层面上，这意味着帮助最不发达的国家尽快实现"甜甜圈模型"的雄心，包括扶助人民脱贫，建立医疗网络和教育体系，实现更好的交通和能源安全，并加强这些国家吸引投资的能力——一句话，改善人民的生活。所有这些社会进步当中，有一项已经证明可以大大缩小家庭的规模，那就是女性赋权。[44] 无论哪里，只要女性有投票权，只要女孩不早早辍学，只要女性的生活自己做主而不是听命于男人，只要女性能获得良好的保健和避孕手段，只要女性做任何工作都不受限制，对生活怀有远大抱负，生育率就必然下降。原因很简单：赋权带来了选择的自由，而女性在生活中一旦有了更多的选项，她们就常常选择少生孩子。一个国家的女性赋权越迅速，越充分，整个国家经过第三阶段进入第四阶段的速度就越快。

女性赋权的形式多种多样。在印度的某些乡村地区，14 岁以上的女孩子只有 40% 仍在上学。高中通常离家很远，十几岁的女孩放学回家后没有时间干家里要她干的活。为解决这一问题，几个邦的政府和慈善项目提供了数十万辆免费自行车，这些自行车提供的便利大大提高了女孩的上学率。现在，印度乡村田间成群结队的女孩子骑着车去上学已经成为一道常见的风景。

奥地利维特根斯坦中心（Wittgenstein Centre）的研究表明，多国联合努力提高世界各国的教育水平对改变人口增长的路径会产生相当剧烈的影响。[45] 研究者在一份预测中估算了世界最穷的国家在 21 世纪像 20 世纪发展最快的国家那样迅速改善教育体系，会发生怎样的情形。这种快车道上的发展会使人口高峰的到来提前至 2060 年，达到 89 亿人。这个发现令人震惊——只要投资于社会和教育体系，就可能把人口峰值降低 20 多亿，

并使人口高峰大约提前 50 年到来。即使依据的假设有错误之处，这个模型和真实生活中的例证无疑给我们指出了一条有助于全人类前途的明路，那就是大力改善最贫困人民的生活。

实现脱贫和妇女赋权是终止人口迅速增长的最快办法。我们有什么理由不愿意这么做呢？这不仅是减少地球上人口数量的问题，还是致力于使所有人获得公平公正的未来的问题。让所有人在生活中获得更大的机会肯定本来就是我们的共同愿望。这是一个出色的双赢办法，也是通往可持续性的征程中反复出现的主题。为了重新野化世界而必须做的事情大多是我们本就应该做的。

* * *

最终达到人口高峰将是一件大事。但是，它不一定是征程的终点。有些证据显示，人口转变还有第五阶段。现在日本的人口正在下降。预计到 21 世纪 60 年代会降至 1 亿，大约回到 20 世纪 60 年代的水平。日本人口在下降的同时也会老化——老年人在人口中的占比会越来越大。这将造成经济上的大问题。劳动人口日益减少，要养活的老年人却越来越多。事实上这个进程已经开始了，日本作为世界上第一批面对人口转变第五阶段的国家之一，正在苦苦思索应对之道。出于目前对 GDP

无尽增长的追求，从政者呼吁多生孩子，长大了好加入劳动大军，还要求已退休的日本人重返工作岗位，帮助减轻中年人的税务负担。有人提议，如果说哪里应该引进机器人和人工智能来帮助维持经济，则非日本莫属。如果世界经济不那么依赖增长，也许对经济业绩的不懈追求就会放松，日本以及在它之后的所有国家就能轻松自在地面对一个人口较少、更加成熟可靠的世界。

如果现在下大力气尽量改善尽可能多的人的生活，那么根据最乐观的模型预测，全球人口到 21 世纪末就可能回到今天的水平。在那以后，也许人口会继续缓慢下降，全球社会将减少对世界的索取，并与以往一样，借助技术手段来满足自己的需求。

然而，若想在大灾难来临之前达到这种状况，长路漫漫，困难重重。不可避免的满溢意味着今后许多年中，人口仍会继续增加，这带来了另一个不可避免的结果 —— 我们今天的决定不可避免地变得更加重要。我们大家需要联起手来不懈努力，尽快使每一个人都过上公平体面的生活。

更平衡的生活

实现可持续性革命，推动重新野化世界，采取稳定人口的举措——这些将重建我们这个物种与周围自然世界的和谐关系。这对我们每个人的生活会有什么影响呢？在生机勃勃的可持续的未来，我们的饮食基本上将以植物为基础，包括各种替代肉食的健康食品。我们将用清洁能源来满足所有需求。银行和养老基金的投资将只会流向可持续的企业。选择要孩子的人很可能不会生很多孩子。我们在选择木制品、食材、鱼和肉的时候会根据每样东西附加的详细信息思考后再做决定。我们产生的废料将少之又少。我们的活动仍会排放少量的碳，但它会在货物价格中自动得到抵消，由此得来的款项会用于在世界各地资助重新野化项目。

在我们设想的这个未来，与自然世界和谐共生将会比今天更容易做到。工商界领袖和政治领导人必须确保，生产的产品和建设的社会要有助于减轻对环境的冲击。以废物处理为例，我还记得今天的一次性社会出现以前的情形。那时东西坏了后都是修好再用，基本没有塑料制品，食物非常宝贵。只是到了最近，人们才养成了把什么都丢掉的习惯，尽管在我们有限的星球上，根本没有丢"掉"的地方。废物除了无用之外，积聚起来还常常有害。生命世界也面临同样的问题，聪明的解决之道还是采用大自然的办法。大自然中，一个进程的废物到下一个进程就成了食物。一切物质都循环使用，使用者包括多个不同的物种，而且几乎一切物质最终都可以生物降解。

研究循环经济可行性的人们，包括艾伦·麦克阿瑟基金会[46]的人员，正在寻找办法，使我们的社会遵循自然世界的逻辑，达到自然世界的效率。建立循环思维的关键是摒弃现行的拿取－制造－使用－丢弃的生产模式，将原材料视为必须循环使用的养分，正如大自然中的养分循环一样。这样就可以清楚地看到，人基本上会参与两种循环。食物、木头、用天然纤维制作的衣服等任何自然降解的物质属于生物循环。塑料、合成材料、金属等无法生物降解的物质则属于技术循环。两个循环中的原材料，如碳纤维或钛，都应该重新使用。关键是要设计出巧妙的回收方式。

生物循环中，食品废物是关键的组成部分。我们已经看到，目前的食品生产导致砍伐森林、使用化肥和农药，以及在食品运输过程中使用化石燃料。食品并不便宜，世界上很多人吃不起健康的食物。然而，在全球范围内，我们生产的食品1/3都损失浪费掉了。[47]比较贫穷的国家基础设施薄弱，大部分食品浪费发生在食品到达商店之前，是由于收获过程中的损失、损害和储存不当造成的。比较富裕的国家食品浪费主要发生在收获之后。有的食品因为卖相不够完美而被丢弃，有的因为订货超额而被扔掉，还有很多食品根本没有吃就直接进了垃圾箱。在一个更加合理的世界中，基础设施和储存设施会得到改进。业者也许会把废弃的食品拿去喂牲畜，或送去昆虫农场用来养殖苍蝇当鱼食或用以制造动物饲料。干果壳之类纤维较多的废物可以和木材产业丢弃的碎木片一起用作生物能源燃料。这样就可以捕集逃逸的碳，将其储存起来发热发电。甚至可以在无氧环境中把废物烧制成生物炭，类似木炭的东西，可以用作建材，可以当低碳燃料，也可以放在土壤里增加肥力并把碳锁在地下深处。

　　技术循环的效能大多来自对产品设计的协调。使用塑料、合成材料和金属来制造产品的公司可以把产品做得坚固耐用，而不是用几年就坏。制造的零件应该易于拆除、分解、重塑、更新。制造业要远比现在更加标准化，零部件可以由多家制造商生产，并能够任意交换使用。所有生产线都要制订计划，确保采购所有生产要素时明智合理，货到后使用得当。有些人相信，循环的办法可以推动客户和公司之间发展新的关系，客户可以像今天租手机一样，只从制造商那里租用洗衣机和电视机，但对修理和回收的重视要大大加强。

　　这两个循环中，任何无法循环使用，或本质上危害环境的材料或化学品都将逐渐被剔除出经济活动。其中主要的一项是目前世界上所有电冰箱和空调机都在使用的人造氢氟烃（HFC）。如果这种化学品到产品寿命结束后被释放，会给大气层增加相当于1 000亿吨二氧化碳的温室气体。2016年达成的一项国际协定已经为把氢氟烃安全地转变为不会导致全球变暖的化学品铺平了道路。[48]

循环经济的雄心是创造一个没有污染的世界——没有海里漂浮的塑料，没有工厂烟囱排出的毒烟，没有燃烧的橡胶轮胎，没有泄漏的石油。这样的世界甚至可能会扭转今天的浪费。今天的垃圾填埋场可以成为露天矿区，公司支付高额费用来挖掘循环经济需要的营养成分。海洋中回旋的塑料微粒可以收回，积聚起来建造海上农场。通过改变使用资源的方式，越来越多的人相信人类能够消灭浪费，模仿大自然的方式实现循环。

我们生活的地方又如何呢？预计到2050年，世界人口的68%将生活在城市里。环境学家曾视城市为我们星球的祸害，那里交通拥挤不堪，汽车耗能严重，污染令人窒息，城市居民对物质的无尽需求在全球环境中留下了肮脏的足迹。可是现在他们开始明白，由于城市人口密集，所以城市环境具有实现可持续性的巨大潜力。城市规划者正在学习如何使城市成为有利于步行和骑车的地方；可以建造高效低碳的公共交通。像哥本哈根这样的城市正在城中各区安装中央供暖系统，利用地热资源或本市的废物产生的热能供暖；可以要求市中心价格昂贵的高楼达到隔热和能效的高标准。这一切意味着此时城市居民的碳排放量常常大幅低于住在农村的人。

世界上各大城市有很强的动力更进一步。市长们明白，他们是在全球市场上与全世界的城市竞争最出色的人才。把人才吸引到自己城市来的最有效方法之一就是把城市建设得绿色宜人。城市绿植不仅提供了休闲空间，还能给城市降温，净化空气，使居民心旷神怡。于是，各个城市通过扩大公园、建设林荫大道、鼓励绿化楼顶和种植爬墙藤蔓来张开臂膀欢迎大自然。巴黎正在利用楼顶和墙面增加 100 公顷的绿色空间。中国的几个城市正在城中的河边建立湿地来吸收季节性的洪水，并为市民提供更多的自然空间。伦敦宣布要把自己建成世界上第一个国家公园城市，计划把城里一半以上的地方变为自然空间，使伦敦人的生活更绿色、更健康、更贴近大自然。

城市国家新加坡锐意变身为花园中的城市。它要求所有的新建筑物在地面之上栽种植物，数量要等同于其本身建筑过程中损失的地面植物。结果，城市里有几十幢大楼经过专门设计，外部从上到下覆满绿植。这些楼宇中有一所医院，该医院报告说，由于这些绿色植物，病人的痊愈率得到了提高。新加坡用绿色走廊将它所有的公园连在一起，把海岸边 100 公顷的黄金地块变成了一座水库和花园，里面有一片高达 50 米的人造超级树，这些人造树靠太阳能电池板供电，收集雨水用来灌溉花

园，还有过滤空气的功能。

仿生学研究所的共同创办人，生物学家雅尼娜·拜纽什（Janine Benyus）为了激发城市规划的绿色新思路，向所有城市发出了一个挑战。她提出，既然城市占据了曾经是自然栖息地的地方，那么它至少要和原来那片自然栖息地提供等量的环境服务，包括收集太阳能、增加土壤肥力、清洁空气、生产干净的水、捕集碳和容纳生物多样性。建筑师们踊跃接招。今天在建的最具可持续性的楼宇能够生产可再生能源，除了自用之外还有盈余。这样的楼宇还能净化周围的空气，处理自己的废水，用下水道污物制造土壤，并成为众多动物和植物的永久栖息地。未来的城市很有可能不光索取，还能回馈。

* * *

这基本上就是平衡的要义。如果全体人类索取了大自然的资源后至少能够回馈等量的资源，此外再归还过去的一部分欠账，我们就都能过上更加平衡的生活。此刻，世界各地都有这种新思维的例证。如果每个国家都像新西兰那样为自己确定利润、人民和星球几方面的目标，像日本那样使人民过上好生活，像摩洛哥那样拥抱可再生能源革命，像帕劳那样管理自己的水域，像荷兰的有些人那样采用高效、可持续的种植方法，像印度人民那样很少吃肉，像哥斯达黎加那样鼓励大自然回归，并像新加坡那样将大自然与城市融为一体，那么全人类就能够实现与大自然的平衡。但是，这需要每一个国家都做出努力，碳足迹最大的国家需要做出最大的改变。若是只有一些国家努力转变，别的国家却依然故我，此事就无法成功。

目前仍存在一定的阻力。在思考可持续性时，很容易只看所失而忽视所得。其实，一个可持续的世界好处多多。我们失去对煤炭和石油的依赖，转用可再生能源，得到的是清洁的空气和水，人人都享受得到的廉价电力，以及更加安静、安全的城市。我们失去在某些水域捕鱼的权利，得到的是健康的海洋，它能帮我们应对气候变化，最终为我们提供更多的野生海产。我们失去饮食中大量的肉，得到的是强健的身体和更便宜的农产品。我们失去土地，使之回归自然，得到的是为维护生命而重新与自然世界建立联系的机会；这个自然世界既包括遥远的天涯海角，也包括我们自身所处的环境。我们失去对大自然的统治，得到的是世世代代在大自然当中的持久稳定。

赢取这样的未来已经是万事俱备。我们有计划，也知道该怎么做。通往可持续性的道路就摆在面前。这条路能使地球上的所有生命获得更美好的未来。我们必须让我们的政治家和企业领导人知道，我们明白这个道理。这个对未来的憧憬不单单是我们需要的，最重要的是，它是我们想要的。

CONCLUSION

结语

我们最大的机会

我出生在另一个时代。这不是比喻，而是不折不扣的实话。我来到这个世界时，还是地质学家所谓的全新世；到我离开这个世界，以及其他每个活在此际的人离世时，已经是人类世了。

　　人类世的名称是一群著名地质学家 2016 年提出来的。把地球历史分为不同时期并为其命名是地质学的惯例。每个时期都有自己的特征，将该时期的岩石与其他时期的岩石区分开来——之前生长旺盛的一些物种化石消失了，新物种的化石出现了。

　　今天形成的岩石肯定同样有自己的特征。它们不仅比以前的岩石包含的物种化石少，而且还会包含一些全新的东西，如塑料碎片、核活动留下的钚，以及散布在世界各地的肉鸡骨头。地质学家认为，这个新时代大约始自 20 世纪 50 年代，应称之为人类世，因为决定这个时代主要特征的是人这个物种，甚于任何其他因素。

对地质学家来说，这是一个依照科学惯例产生的名字。然而，对许多其他人来说，它生动地体现了我们面临的令人惊心的变化。人类变成了一支全球性力量，强大到足以影响整个地球。事实上，人类世也许会成为地质史上一个独一无二的短暂时代，以人类文明的消失而告终。

但事情的发展不是必然如此。人类世的到来也可以标志着人与地球之间开启了一种新的、可持续的关系。它可以是一个人学会如何与自然合作而不是作对的时代、一个自然发展和人工管理之间不再泾渭分明的时代，因为我们将悉心照料整个地球，动用大自然非凡的恢复力，帮助我们将它的生物多样性从毁灭的边缘拉回来。

归根结底，关于人类世的这两个预想哪个会成真，全要看我们自己。人类也许聪明多智，但也吵闹不和，历史书中全是战争的记叙和国家争霸的故事。但是，我们不能继续这样下去。地球现在面临的危险是全球性的，只有各国捐弃分歧，团结起来采取全球性行动才能应对。

我们有这种团结行动的先例。1986 年，世界上的捕鲸国家聚集一堂，决定必须停止对所有鲸类的屠宰，以确保这些奇妙迷人的动物不致灭绝。有些国家的代表可能是因为那时鲸的数目已经减少到捕鲸在经济上不合算的地步才同意这一决定。但肯定也有代表是因为听从了自然保护者和科学家的恳求。那项决定未能获得一致同意，至今仍有争议。不过到 1994 年，南大洋已经有 5 000 万平方千米的洋面被宣布为"国际鲸类保护区"。今天，由于对捕鲸的限制，鲸类数目超过了我们有生以来记忆中的最高水平。海洋系统的复杂运行中一个影响巨大的重要因素基本上重回了它的恰当位置。

在 20 世纪 70 年代只剩下 300 头山地大猩猩的中部非洲，几个中非国家最终达成了跨界协议。经过当地几代勤劳勇敢的公园管理员的努力，这些高贵的动物已经达到了 1 000 多头。

所以，我们如果愿意，是能够跨越国界团结起来的。然而，现在我们要达成的协议必须涵盖整个自然世界，而不是仅适用于一种动物。这需要无数委员会和会议的努力，需要签署无数的国际条约。在联合国的组织下，这样的工作已经开始了。数万人参加的巨型会议连续召开。一个系列会议专门应对地球以惊人的速度变暖的相关问题，如此迅速的变暖可能产生十分广泛的破坏性后果。另一个系列会议负责保护纵横交织的生命之网所依托的生物多样性。

这项任务艰巨无比，我们必须想方设法予以支持。必须敦促地方、国家和国际政治领导人达成协议，有时要将更大更广的福祉置于各国的国家利益之上。人类的未来寄托在这些会议

的成功之上。我们常说要拯救地球，但其实我们必须做的这些事是为了拯救我们自己。不管有没有我们，大自然都会回归。

最令人瞩目的证据就在切尔诺贝利核反应堆爆炸后被抛弃的模范城市普里皮亚季的废墟上。走出城中荒废的公寓大楼那黑暗空寂的走廊，眼前的景象令人惊诧不已。在人员撤出以后的 34 年间，森林占领了这个被弃的城市。灌木丛挤裂了混凝土，砖缝中长出了常春藤。屋顶被密密的植物压塌，人行道上长出了白杨和大齿杨的树苗。花园、公园和林荫大道现在被 6 米高的橡树、松树和枫树的浓荫遮蔽得严严实实。浓荫之下，杂乱无章的观赏性玫瑰和果树形成了奇怪的下层植被。34 年前派来撤走城中居民的军用直升机用作着陆点的足球场现在长满了小树。大自然拿回了自己的地盘。

普里皮亚季城和毁坏的反应堆所在的那片土地现在变成了珍稀动物保护区。生物学家在城里的窗户上安装了隐蔽的照相机，记录下了生龙活虎的各种动物，包括狐狸、驼鹿、野猪、野牛、棕熊和貉。若干年前，几匹濒临灭绝的普氏野马放归这里，现在它们的数目在增加。就连狼也在这块没有猎人枪口的地方落了户。似乎无论我们犯下的错误多么严重，大自然只要有机会都能克服。生命世界以前经历过几次大规模灭绝，都生存了下来。但是，我们人类不能以为自己也能熬过灭绝继续生存。我们发展到今天，是因为我们是在地球上生活过的最聪明的物种。但是，我们若想继续存在下去，需要的不只是智力，还有智慧。

智人现在必须记取前鉴，做到名副其实。活在今天的我们要确保我们这个物种明智行事，这是一项艰巨的任务。我们绝不能放弃希望。我们有所需的一切工具，有数十亿聪明绝顶的头脑想出的主意，还有大自然那无尽的能量作为我们的助力。另外我们还有一个能力，这在地球所有的生物中也许是独一无二的，那就是设想一个未来，然后努力使之成真的能力。

现在仍来得及纠正过去的错误，管理造成的破坏，改变发展的方向，再次实现与自然的和谐共生。我们只需要拿出意愿来。今后几十年是我们为自己创建稳定的家园，恢复从远祖那里继承的丰富、健康和美妙的世界的最后机会。它关系的是我们在这个星球的未来，而据我们所知，这里是唯一存在生命的地方。

致 谢

《我们星球上的生命》是由本书和一起出品的同名影片共同组成的项目。这个项目历时数年之久，得益于许多同事的帮助和贡献。做这个项目的主意是我和世界自然基金会的科林·巴特菲尔德（Colin Butfield）以及"银背电影"（Silverback Films）团队里我的老朋友阿拉斯泰尔·福瑟吉尔（Alastair Fothergill）和基思·肖利（Keith Scholey）聊天聊出来的。我从他们三人那里受惠甚多。他们对于确立本书的架构发挥了重要作用，还主持制作了一部与本书的许多内容大致相同的同名影片。

然而，在本书的写作过程中给了我最大帮助的是我的合著作者乔尼·休斯。他多年从事与环境相关的工作，也参与导演了和本书一起出品的影片。他雄辩的口才、专业的知识和清晰的思路对本书的帮助不可估量，对第三部分尤其如此，那个部

221

分吸收借鉴了来自多个领域和组织的各种人士的思想、意见和研究成果。

没有世界自然基金会科学工作队的大力帮助，我们不可能形成我们的构想。我们特别想感谢世界自然基金会英国分会保护与科学部的执行主任迈克·巴雷特（Mike Barrett），感谢他向我们讲解他对环境危机的清晰观点，还要感谢他指导他的团队编制了里程碑式的《地球生命力报告》，这份报告对于参与我们这个项目的所有人都是巨大的激励。我们也要感谢世界自然基金会的科学主任马克·赖特（Mark Wright），他付出了长时间的努力，以确保整个项目提出的各个论点都有实际例子和扎实的科研做基础。

与世界自然基金会的这次合作当中，我们和许多人谈过话，接触过许多研究人员；和这些人的交流令我们深受启发，但他们人数太多，无法在此一一列举。然而，我们要特别感谢约翰·罗克斯特伦和同他一起创立星球界限模型的团队，也要感谢提出了甜甜圈模型的凯特·拉沃斯。在我们历史的这个重要关头，他们的研究提出了深刻的洞见。保罗·霍肯和卡勒姆·罗伯茨的著作和研究成果对我们理解与海洋和气候变化相关的问题及解决方法也大有帮助。

我们二人都非常感激企鹅兰登出版社的阿尔伯特·德佩特里洛（Albert DePetrillo）和内尔·沃纳（Nell Warner）的指

点，也感谢罗伯特·柯比（Robert Kirby）和迈克尔·里德利（Michael Ridley）在本书的出版过程中给予的帮助。

我还要感谢我亲爱的女儿苏珊（Susan）。她安排我的工作起居，整理我的日记，异常耐心地听我叙述书中的所有内容——而且是不止一遍。

参与这个项目令我百感交集。我们的星球目前困境的真相令人心惊胆战。了解我们的危机的最新详情使我忧心如焚。但也有与这种忧惧相抗衡的感情——我发现有许多头脑卓越的人正在努力理解，进而解决我们面临的难题，这使我打心眼里感到温暖。我切盼他们能够很快联起手来共同影响我们的未来。正如我在执行"我们星球上的生命"这个项目期间体会到的，共同合作比单枪匹马所能取得的成就大得多。

大卫·爱登堡

里士满，英国
2020 年 7 月 8 日

词汇表

保护区　　Conservancy

旨在保护自然生境的区域，但在本书中，它指的是由当地社区以可持续的、经济上可行的方式管理的保护区。

捕捞高峰　Peak catch

捕获鱼类的重量停止增长的时间节点。我们在 20 世纪 90 年代中期达到了捕捞高峰。自那以后，全球捕捞量稍有下降。

城市农业　Urban farming

在城区内部和周边生产粮食和其他农产品的活动。城市农业经常具有高度的可持续性，因为它使用的是人类业已占领的土地，减少了运输，并使用水培和可再生能源等手段来生产食物。

迟缓期　　Lag phase

生长曲线的初始阶段，其间由于一个或多个限制因素，基本上没有净生长。

重新野化　Rewild

恢复和扩大生物多样性的空间、种群和系统的过程。重新野化经常是大规模行动，寻求重新建立自然进程，并在合适的地方恢复消失的物种。在一些情况中，可以在正在复苏的种群中引入替代物种来发挥与业已消失的物种相似的作用。本书中使用的是重新野化一词最广泛的含义，即在全球恢复大自然的雄心，要通过确保全人类变得更可持续来扭转生物多样性损失的趋势。因此，减缓气候变化被视为重新野化世界的必要组成部分。

垂直农业　Vertical farming

在通常受控的环境中垂直叠放的不同层面上使用水培或鱼菜共生的方式生产食物的做法。这是种植某些类型作物的高度可持续的办法，因为它占地少，生产的食物多，并且不需要化肥或农药。

大加速　Great Acceleration

人类各种活动的增长率同时急剧加速，这个现象在 20 世纪中期初次显明，持续至今。大加速时期的资源需求和产生的污染物直接导致了我们今天看到的大部分环境退化。

大衰退　Great Decline

世界各地环境在许多方面，包括生物多样性和气候稳定方面同时急速衰退，这个现象从 20 世纪后半叶开始，持续至今。预期衰退在 21 世纪将达到一系列临界点，然后进一步升级，导致地球系统的严重混乱。

地球工程学　Geoengineering

或称气候工程学，是为了减缓减轻气候变化而研究并施行的对地球系统的各种有计划大规模干预。有些方法希望能增强地球从环境中去除温室气体的能力，比如用铁为海洋施肥来加速海洋中浮游植物群落的生长，增加表层海水吸收二氧化碳的能力。其他方法包括太阳辐射管理，例如向平流层喷射气溶胶，希望借此把更多的阳光反射到外空，因而减轻全球变暖。常有人批评地球工程学未经实践检

词 汇 表

验，可能对环境和我们自身非常有害。

地球系统　Earth system

地球的地质、化学、物理和生物综合体系。整个全新世期间，这个
体系为生命提供并维持了良好的环境，依靠大气圈（空气）、水圈
（水）、低温圈（冰和永久冻土）、陆地圈（岩石）和生物圈（生命）
相辅相成的作用。只要我们不越过星球界限，地球系统就应该可以
继续有效运作，提供良好的环境。

对数生长期　Log phase

生长曲线中呈对数级或指数级生长的阶段。

浮游植物群落　Phytoplankton

生活在海洋表水中微小但广泛的浮游生物群里进行光合作用的生
物。浮游植物群落是许多海洋食物链的基础。

孩子高峰　Peak child

全球孩子（通常认为是 15 岁以下的人）的数目停止增长的时间节
点。现在，联合国预测孩子高峰将在 21 世纪中期到来。

海洋保护区　Marine Protected Areas (MPAs)

海洋上设立的保护区，对人类活动确立一定程度的限制，如限制捕
鱼的方法、季节或捕捞量。禁渔区或禁捕区则完全禁止各种捕捞。
目前世界上有 1.7 万个海洋保护区，仅占海洋全部面积的 7% 多一
点。

海洋林业　Ocean forestry

使用基于自然的解决办法来应付气候变化的一种建议，具体内容是
种植和培养海草林。海草林在生长过程中是一种碳捕集与封存系
统，收获的海草可以用作生物能源，制成食物，或永久处理掉以去
除大气中的碳。

海洋酸化　Ocean acidification

227

大气中二氧化碳增多造成的海洋 pH 值（氢离子浓度指数）的持续降低。海水呈弱碱性，所以，海洋酸化最初表现为海水转向中性。随着酸化的继续，海洋中的许多生物遭到破坏。地球历史上前一次发生海洋酸化时，同时发生了大规模灭绝以及地球系统效率的长期衰退。

基线移动综合征 Shifting baseline syndrome

随着时间的推移，后来的世代由于自身经历，心目中"正常"或"自然"的概念发生改变的趋势。本书中使用这个词来描述我们自己在几代人后忘记了一个自然环境应该具有什么样的生物多样性。

基于自然的解决办法 Nature-based solution

利用大自然多管齐下应对社会问题和环境问题，特别是气候变化、水安全、粮食安全、污染和灾难风险问题。这方面的例子包括种植红树丛来预防海岸受到侵蚀，建立海洋保护区来增加鱼类捕捞量，推动城市绿化来降低气温，建设湿地来预防洪涝，以及促进森林回归使之成为自然的碳捕集与封存设施。基于自然的解决办法的成本通常相对较低，而收益较高，并具有增加生物多样性的重要裨益。

可持续性革命 Sustainability revolution

预计将要到来的产业革命，其驱动力是聚焦可持续性的创新浪潮。它的特征是可再生能源、对环境低损害的交通运输、零浪费的循环经济、碳捕集与封存、基于自然的解决办法、替代蛋白质、清洁肉类、再生性农业、垂直农业，等等。它有望带来实现绿色增长的机会和充满希望的未来。

可再生能源 Renewables（renewable energy）

指在人类时间尺度内能够自然补充的能源，如太阳能、风能、生物能、潮汐能、波浪能、水电和地热。可再生能源通常是用来取代化石燃料的低碳或无碳产品。

林牧复合　Silvopasture

再生性农业技术的一种。林牧复合是在树下或在林地和森林里放养家畜的做法。因为牲畜有树木遮阴，可以随意走动、吃草，所以长得更健康，出肉率也高。

临界点　Tipping points

指一道门槛，一旦越过会导致地球系统发生突兀的、大规模的、经常会自我放大的、可能是不可逆转的改变。

绿色增长　Green growth

以可持续的方式使用资源的经济增长道路。它提供了一个有别于传统经济增长的替代思路，而传统经济增长的思路通常不把环境破坏考虑在内。

农业高峰　Peak farm

用作农地的土地面积停止增长的时间节点。联合国粮农组织预测它将发生在 2040 年前后。

清洁肉类　Clean meat

或称培养肉类，是用动物细胞培养出来供消费的肉类，不是屠宰动物得来的肉。这是一种细胞农业形式。研究显示，清洁肉类的生产具有比传统肉类生产更高效环保的潜力，因为它需要的土地、能源和水只有传统生产的一个零头，生产每千克肉排放的温室气体也少得多。它涉及的动物福利问题也很少。

区块链　Blockchain

最初发展起来是为了使像比特币这样的加密货币高效运作。不过，这个技术也可用来追踪供应链，因此可以核查木材或金枪鱼肉等产品是否来自可持续的来源。

全新世　Holocene

地质年代中现在的世，始自 1.17 万年前最后一次冰期结束之时。它是一段惊人稳定的历史，与农业的发明导致人类快速增长的时期相吻合。

REDD+　**REDD+**

联合国的一项倡议，全名为"发展中国家中减少毁林和森林退化导致的排放，以及保护和可持续管理森林并提高森林碳储存的作用"。REDD+ 试图为储存在现有森林中的碳确定价格，进而鼓励保存森林，以期减少发展中国家的毁林和森林退化。

人口高峰　**Peak human**

人口停止增长的时间节点。联合国人口司目前预测，22 世纪早期将达到人口高峰，数目约为 110 亿。然而，通过消除贫困和女性赋权，预计我们 2060 年就能达到人口高峰，届时人口总数仅为 89 亿。

人口转变　**Demographic transition**

一个国家从高出生率和高婴儿死亡率向低出生率和低死亡率逐渐转变的现象，前者发生在技术、教育和经济发展水平很低的社会中，后者则发生在具有先进的技术、教育和经济发展水平的社会中。

人类世　**Anthropocene**

当前所处的地质时代，更专业来说叫"世（epoch）"，被视为人类活动对气候与环境产生支配性影响的时期。就人类世开始的时间仍有争论，但许多人认为是 20 世纪 50 年代，因为那正好是出现大量塑料和因试验核武器而产生的放射性同位素的时候，未来这些都将在岩石中发现。

森林回归　**Reforestation**

对土生森林和林地的自然或人为的恢复。森林回归可以普遍采用，也可以专门用于不久前森林遭到砍伐的地方。造林（afforestation）适用于相当长的时间内没有森林的地方，比如传统的农地或城市内部。森林回归有可能成为一个应对气候变化的基于自然的解决办法，因为它能够实现大量的碳捕集与封存。

森林梢枯 **Forest dieback**

一片树木失去健康濒临死亡的现象。预计 21 世纪因森林不断被毁和气候变化而达到的重大临界点中有两个是森林梢枯，一个在亚马孙地区，第二个在加拿大和俄罗斯的北方常青林。

森林转型 **Forest transition**

指随着人类社会对一个地区的开发，该地区的土地用途逐渐改变的模式。最初，人类社会尚未发展起来，森林占据了大部分土地。社会的发展和扩大增加了粮食生产，于是人类开始砍伐森林。随着农业生产效率的提高，人们迁入城市地区，可能会出现森林回归。若干国家正在经历森林转型，有人建议在全球范围内推动森林转型。

生态足迹 **Ecological footprint**

衡量人类对环境影响的一种标准。它实质上衡量的是养活人或维持一个经济体并应付我们释放的污染物（特别是温室气体）需要多少自然，表现为全球公顷（global hectare, gha）这一面积单位。目前，人类索取的全球公顷超过了地球的所有，所以出现了大衰退。

生物多样性 **Biodiversity**

这个词是对世界上生命的各种形态的概括。它代表着物种的数目（即所有不同种类的动物、植物、真菌，甚至是细菌这样的微生物的数目）与每一个物种的数量或丰度相结合的功能。更抽象地说，地球的生物多样性包含的不仅是千百万个物种和它们的千百亿成员，还有那些成员具有的数万亿不同特征。生物多样性越大，生物圈就越能应付变化、维持平衡并支持生命。

生物能源 **Bioenergy**

又称生物质能源，是使用生命世界的材料产生的可再生能源。生物能源的生产过程中燃烧或消化的燃料包括木头和玉米、大豆、芒草、甘蔗这类生长迅速的作物。可以用生物质来燃烧发电，或将其转变为生物燃料，用于交通运输。

生物炭　Biochar

在低氧或无氧环境中烘烤有机物废料做成的类似木炭的物质。现在正在研究它能否成为碳捕集与封存的可行办法。生物炭可以用作建筑材料、生物能源燃料或土壤添加剂来帮助加强土壤的保水功能。

石油高峰　Peak oil

全球石油生产量达到最高位的时间节点，之后石油生产量将下降。

狩猎－采集者　Hunter-gatherer

人类社会在野地里采集食物的文化。人类历史中 90% 的时间都属于这个文化，直到全新世开始时发明了农业。

碳捕集与封存　Carbon Capture and Storage (CCS)

指的是通常从工厂或发电站这类大型来源那里捕获二氧化碳，再将其运到地下储存库里永久封存，使之无法进入大气层的过程。在一个现代工业场地进行的碳捕集与封存能将该场地的二氧化碳排放减少 90%，但会增加运营的能耗和成本。如果与生物能源发电（称为 BECCS），或与从周围空气中收集二氧化碳的直接空气捕获（DACCS）结合使用，理论上碳捕集与封存可以从大气中清除二氧化碳，造成所谓的"负排放"。然而，这些技术仍在研发阶段。基于自然的解决办法是一种自然形式的碳捕集与封存（实际上是去除二氧化碳），它还会增加生物多样性。

碳抵消　Carbon offset

通过减少温室气体排放来补偿，或者说平衡其他地方无法避免的排放。抵消是通过购买以二氧化碳当量（CO_2e）吨位计算的碳信用额或碳单位来实现的。如果碳抵消比自己减排的成本低，政府和大公司则可能愿意用碳抵消来履行自己的减排义务。公司和个人可以在自愿市场上购买碳抵消来补偿自己的空中旅行等活动产生的排放。出售碳抵消得来的钱一般用于发展可再生能源、生物能源或森林回归。碳抵消只能是更广泛的减排战略的一部分，长远来说并不是完整的解决办法。

碳税　Carbon tax

对燃烧碳基燃料（煤炭、石油、天然气）的课税，以此让污染者为其活动产生的温室气体造成的气候破坏承担代价。事实证明它是许多部门减排的有效推手。

碳预算（全球）　Carbon budget (global)

估计能够将全球地表温度限制在某个水平的二氧化碳排放总量。迟迟不削减全球排放会加快碳预算用尽的速度，可能会使全球变暖进一步加剧。

替代蛋白质　Alt-proteins

以植物为基础、用食品技术制作、用以代替动物蛋白质的物质的统称，例如从谷物、豆类、坚果、种子、海藻、昆虫、微生物中提取的蛋白质，或者是清洁肉类。因为这些蛋白质不涉及牲畜或鱼类的大规模养殖，所以预期它们的生产造成的环境足迹会小得多。此外，它们也不牵涉多少动物福利问题。

甜甜圈模型　Doughnut Model

牛津大学经济学家凯特·拉沃斯提出的对星球界限模型的重新解读，除了原有的生态上限，还纳入了人民的基本需求作为社会基础，因而界定了人类安全公正的空间。此模型的主张是，我们绝不能超过上限，但也不能牺牲人民的福祉。因此，它可以成为可持续发展的框架。

微电网　Micro-grids

微电网是某个地方的一组电力源，可以与地区电网联网，也可以独自运行。因为它们共同供电，所以比单独的发电机更能应付用电量的激增。现在，由于可再生能源发电的普及造成价格下降，微电网也更加常见。

温室气体　**Greenhouse gases (GHGs)**

改变太阳辐射、导致温室效应、像一条"毯子"盖住地球使其温度增加的气体。地球大气层中首要的温室气体是水蒸气、二氧化碳、甲烷、一氧化二氮和臭氧。人类活动导致大气层中二氧化碳、甲烷和一氧化二氮等温室气体的浓度增加，这些气体留住了更多的热，导致了气候变化。

星球界限　**Planetary boundaries**

地球系统科学家约翰·罗克斯特伦和威尔·斯特芬提出的概念，用以界定人类的安全活动空间。他们使用多个来源的数据确定了影响地球系统稳定的 9 个因素。他们计算了当前的人类活动对这些因素的冲击程度后确定了门槛，一旦越过就可能导致灾难性的改变。这9 个因素是：生物多样性损失、气候变化、化学品污染、臭氧层损耗、大气层中的气溶胶、海洋酸化、氮和磷的使用、淡水消耗和土地用途变化（从荒野变成田地或种植园）。这 9 个因素中，他们把气候变化和生物多样性损失定为"核心界限"，因为它们既受到所有其他界限的影响，且只要被越过，凭一己之力就能打破地球的平衡。他们提出，目前人类已经越过了 4 个界限：气候变化、生物多样性损失、土地用途变化以及氮和磷的使用。因此，他们报告说地球系统已经处于不稳定状态。

驯化　**Domestication**

人类对另一个物种的繁殖和照料施加重要影响的过程。植物驯化的例子包括小麦、马铃薯和香蕉。动物驯化的例子包括牛、羊和猪。驯化是一切农业活动的基础。

野地农场　Wildland farm

重新野化农业的方法。按照这种方法，模仿当地自然动物种群建立由不同牲畜组成的畜群，任其在农场各处自由游荡，不予人工喂养。牲畜的数目保持在与土地的承载能力相符的水平，它们造成的营养级联效应会增加土地的生物多样性。

以植物为基础的饮食　Plant-based diet

主要或全部由植物食品组成的饮食，很少或没有动物产品。以植物为基础的饮食比目前含有许多动物产品的饮食更加可持续，因为平均来说，它的生产占用的土地、能源和水更少，排放的温室气体种类也更少。

溢出效应　Spill-over effect

一个地区生物多样性的改善给邻近地区的生物多样性带来好处的现象。具体来说，海洋保护区周围的水域就能感受到溢出效应，在海洋保护区内休养生息的鱼群溢出扩散到邻近的海域，增加了捕鱼量。

营养级联效应　Trophic cascade

一个生态系统的食物链中称为"营养级"的层级中一个层级的变化在其他层级引发众多冲击性效果的现象。历史上，我们去除了顶级掠食者后，触发的营养级联效应会剧烈改变生态系统，因而改变整个地貌和海景。例如，消灭了狼后，鹿的数量大增，使自然的森林回归无法进行。我们在重新野化的过程中让食物链顶端的掠食者回归，就可以造成营养级联效应，重建生物多样性，正如黄石国家公园重新引进狼的经验所展示的那样。

永久冻土　Permafrost

常年结冰的土地，经常是在地表以下。永久冻土在俄罗斯、加拿大、阿拉斯加和格陵兰的冻原和北极地区分布最为广泛。随着地球变暖，预计永久冻土会融化，把甲烷这种强力温室气体释放到大气中，因而开启一个正反馈循环，导致更多的永久冻土融化，到达临界点，致使全球变暖无法阻挡。

鱼菜共生　Aquaponics

一种水产养殖体系，养殖的鱼类或其他水中生物产生的废物为水培的植物提供养分，而植物又能净化水。

再生性农业　Regenerative farming

一种保护和康复性农业，重点在于改进土壤的自然健康。它是对工业化农业的反弹。长期以来，工业化农业造成了土壤健康的退化，要靠化肥和农药的辅助。再生性农业技术能增加土壤的有机成分、碳捕集与封存能力和土壤的生物多样性。

注 释

目 击 证 词

1   世界人口数据最可靠的来源是联合国人口司做的汇编，可以从如下来源获取各种信息：
https://population.un.org/wpp/，特别是《2019 年世界人口展望：重点》（World Pop-
ulation Prospects 2019–Highlights），载于 https://population.un.org/wpp/Publications/
Files/WPP2019_Highlights.pdf。

2   我们在这里用"碳"作为"二氧化碳"的简称。大气中二氧化碳浓度升高是近期人类
发展的一个特点，也是全球变暖的一大促成因素。大气层中二氧化碳的积聚与燃烧煤
炭、石油、天然气这些化石燃料直接有关。本书中的二氧化碳数据全部来自冒纳罗
亚观测站（Mauna Loa observatory）。https://www.esrl.noaa.gov/gmd/ccgg/trends/data.
html。

3   关于未开发的荒野的估计基于 E. 埃利斯（Ellis, E.）等人 2010 年在《全球生态和生
物地理学》（*Global Ecology and Biogeography*）第 19 期发表的《人类活动对生物群落造

成的改变，1700 年到 2000 年（补充材料附件 5）》[Anthropogenic transformation of the biomes, 1700 to 2000 (supplementary info Appendix 5)]，589-606。

4　大规模灭绝事件发生的确切次数取决于灭绝事件达到何种程度方可确定为"大规模"。通常，地质学家认为此前发生过 5 次大规模灭绝事件，按时间顺序为：奥陶纪－志留纪灭绝事件（4.5 亿年前）、晚泥盆纪灭绝事件（3.75 亿年前）、造成 96% 的海洋生物和 70% 的陆上生物消失的最惨烈的二叠纪－三叠纪灭绝事件（2.52 亿年前）、三叠纪－侏罗纪灭绝事件（2.01 亿年前）和结束了恐龙时代的白垩纪－早第三纪灭绝事件（6 600 万年前）。

5　关于是什么造成了恐龙时代的完结，有好几种理论。一种理论认为，主要原因是一颗陨星撞到了尤卡坦半岛。这个主张刚提出来时被视为过于激进，但随着证据的增多，包括 2016 年在希克苏鲁伯陨石坑（Chicxulub crater）深层钻探获得的最新证据，它成了得到最广泛支持的理论。关于这一证据最近的全面介绍，见《科学》杂志 2016 年 11 月 17 日所载 E. 汉德（Hand, E.）的文章《对造成恐龙灭绝的陨星所留撞击坑的钻探揭示了地下环形山形成的原因》（Drilling of dinosaur-killing impact crater explains buried circular hills），https://www.sciencemag.org/news/2016/11/updated-drilling-dinosaur-killing-impact-crater-explains-buried-circular-hills。

6　一种理论以遗传分析作为依据，认为大约 7 万年前出现了人口瓶颈，人类的数目降至极低。关于造成那次瓶颈的原因，众说纷纭，有人说是火山爆发，也有人说是社会文化原因，但多数人相信，造成人类数量不足，经不起任何这类事件打击的深层原因是气候的长期不可预测性。读者若感兴趣，这里是探索那次瓶颈的众多文章中的几篇：J. E. 蒂尔尼（Tierney, J.E）等人 2017 年所写的《非洲向外移民的气候背景》（A climatic context for the out-of-Africa migration）https://pubs.geoscienceworld.org/gsa/geology/article/45/11/1023/516677/A-climate-context-for-the-out-of-Arica-migration；C. D. 赫夫（Huff, C.D.）等人 2010 年所写的《移动要素揭示出智人远祖人口不多》（Mobile elements reveal small population size in the ancient ancestors of Homo sapiens），https://www.pnas.org/content/107/5/2147；T. C. 曾（Zeng, T.C.）等人 2018 年在《自然》杂

志上发表的文章《父系亲属群之间的文化吸收与竞争解释了后新石器时代 Y 染色体瓶颈的原因》(Cultural hitchhiking and competition between patrilineal kin groups explain the post-Neolithic Y-chromosome bottleneck)，https://www.nature.com/articles/s41467-018-04375-6。

7　可以通过研究冰核、树的年轮和海底沉积物来判断以往环境的平均温度。研究表明，全新世之前的几十万年中，地球的平均温度比今天不稳定得多，而且总的来说比今天的平均温度低。美国国家航空航天局（NASA）发表了一篇有意思的文章，提供了更多这方面的信息：https://earthobservatory.nasa.gov/features/GlobalWarming/page3.php。

8　阿波罗飞船历次任务的所有通信记录均可在美国国家航空航天局的网站上查到，读来让人欲罢不能：https://www.nasa.gov/mission_pages/apollo/missions/index.html。

9　我们对鲸类在传播养料过程中的重要作用刚刚有所了解。鲸从进食区游到繁殖区，横向传播养料，又通过粪便羽流和尿液把养料从营养丰富的深水纵向带到海水表层。据估计，与工业化捕鲸开始前相比，动物把养料从集中区带到其他地方的能力下降了约 5%。见 C. E. 道蒂（Doughty, C.E.）2016 年所写的《巨型动物世界中的全球养料运输》(Global nutrient transport in a world of giants) https://www.ncbi.nlm.nih.gov/pmc/articles/PMC4743783/。关于在缅因湾做的一次地方性研究，见 J. 罗曼（Roman, J.）和 J. J. 麦卡锡（McCarthy, J.J.）在 PLoS ONE 期刊 2010 年第 5 期发表的文章《鲸鱼泵：海洋哺乳动物提高了沿岸流域的初级生产力》(The Whale Pump: Marine Mammals Enhance Primary Productivity in a Coastal Basin)：e13255，https://doi.org/10.1371/journal.pone.0013255。

10　不久之前，人们第一次对捕鲸造成的影响进行了全球性评估；评估显示，捕鲸以重量计算也许是人类历史上在全球范围内最大的捕杀动物的行动。见 D. 克雷西（Cressey, D.）2015 年在《自然》杂志上发表的《世界屠杀鲸的行为记录》(World's whaling slaughter tallied)，https://www.nature.com/news/world-s-whaling-slaughter-tallied-1.17080。

11 www.globalforestwatch.org 这个网站是很有帮助的线上资源，它以曲线图的方式记录了全球森林覆盖的所有变化。这项工作困难不小。从空中望下去，种植园看起来与天然森林相差无几。其实与森林相比，它作为栖息地的生物多样性是很低的。"全球森林生物多样性倡议"（Global Forest Biodiversity Initiative）https://www.gfbinitiative.org/ 试图更加准确地以图表记录森林的生物多样性。作为领头人物之一的托马斯·克劳瑟（Thomas Crowther）最近评估了全球的树木总数，认为森林资源会在我们手里完全耗竭。见《在全球范围内绘制森林密度的地图》（Mapping tree density at a global scale），《自然》525：201-205（2015），https://doi.org/10.1038/nature14967。

12 2016 年，世界自然保护联盟（IUCN）估计婆罗洲共有 10.47 万头红毛猩猩，与1973 年估计的 28.85 万头相比大为减少。他们预计，到 2025 年，红毛猩猩的数目又会减少 4.7 万头；https://www.iucnredlist.org/species/17975/123809220#population。

13 普遍认为，真核细胞是 20 亿年前到 27 亿年前进化而成的，也就是生命起源后大约15 亿年；https://www.scientificamerican.com/article/when-did-eukaryotic-cells/。多细胞生物又过了大约15亿年，在 5 亿多年前才进化成功；https://astrobiology.nasa.gov/news/how-did-multicellular-life-evolve/。

14 研究人员在 2003 年研究了世界渔业捕捞量的数据，发现人类的捕鱼活动正在以惊人的速度减少海里体形最大的鱼类。鲁珀特·默里（Rupert Murray）的影片《渔业危机》（The End of the Line）里面有关于这项研究的访谈，也可看 R. 迈尔斯（Myers, R.）和 B. 沃尔姆（Worm, B.）2003 年发表的文章《世界上掠食性鱼类种群的迅速消亡》（Rapid Worldwide Depletion of Predatory Fish Communities），《自然》423：280-283，https://www.nature.com/articles/nature01610。

15 关于捕鱼补贴对世界影响的最新评估，见苏迈拉（Sumaila）等人 2019 年发表的《全球渔业补贴的最新估计与分析》（Updated estimates and analysis of global fisheries subsidies），https://doi.org/10.1016/i.marpol.2019.103695；世界自然基金会（WWF）2019 年发表的《有害的渔业补贴影响沿岸种群的五种方式》（Five ways harmful fisheries subsidies impact coastal communities），https://www.worldwildlife.org/sto-

ries/5-ways-harmful-fisheries-subsidies-impact-coastal-cmmunities。

16 要知道更多此类历史故事，详细了解基线移动综合征如何影响我们对海洋的期望，见卡勒姆·罗伯茨（Callum Roberts）所著《生命的海洋》（*Ocean of Life*），企鹅出版社2013 年出版。

17 有一份对二叠纪末期灭绝事件的透彻评价，那就是 R. V. 怀特（White, R.V.）2002 年的《地球最大的"追凶故事"：解开二叠纪末大规模灭绝之谜的线索》（Earth's biggest "whodunit"：unravelling the clues in the case of the end-Permian mass extinction），《伦敦皇家学会哲学汇刊》（*Philosophical Transactions of the Royal Society of London*）360（1801）：2963-2985。载于网址 https://www.le.ac.uk/gl/ads/SiberianTraps/Documents/White2002-P-Tr-whodunit.pdf。

18 北极和南极的状态每年都在迅速改变。最新数据的最好来源是这两个非常值得关注并具有权威性的网站：美国国家冰雪数据中心（National Snow and Ice Data Center），https://nsidc.org/data/seaice_index/ 和美国国家海洋与大气管理局（National Oceanic and Atmospheric Administration），https://www.arctic.noaa.gov/Report-Card。要了解更多详细情况，世界冰川监测服务处（World Glacier Monitoring Service）每年都收集世界上所有受监测的冰川的数据。（https://wgms.ch/）。

19 世界生物多样性状况最全面的报告是 IPBES（生物多样性和生态系统服务政府间平台，Intergovernmental Platform on Biodiversity and Ecosystem Services）全球评估报告（2019 年）。报告概要载于 https://ipbes.net/sites/default/files/2020-02/ipbes_global_assessment_report_summary_for_policymakers_en.pdf。此外，世界自然基金会半年一次的《地球生命力报告》（*Living Planet Report*）也提出了明白易懂的权威性总结评估，在 www.panda.org 可查到最新版本。

20 联合国粮食及农业组织（粮农组织）每两年发布一份题为《世界渔业和水产养殖状况》（*The State of World Fisheries and Aquaculture*）的报告，是对海水和淡水渔业部门的最全面审查。2020 年版报告见：http://www.fao.org/state-of-fisheries-aquaculture。

21 《高风险业务》（Riskier Business，2020 年）详细讲述了为满足英国仅仅 7 种商品（包括大豆和牛肉）的需求，在英国之外需要多少土地。报告的摘要和全文可以从这个网站下载：https://www.wwf.org.uk/riskybusiness。

22　D. 古尔森（Goulson, D.）2019 年通俗易懂的文章《昆虫的减少及其重要性》（Insect declines and why they matter）介绍了全球昆虫损失的情况；可查 https://www.somersetwildlife.org/sites/default/files/2019-11/FULL%20AFI%20REPORT%20WEB1_1.pdf。若想了解如何恢复昆虫种群，有些（英国的）成功例子载于野生动物信托基金会（Wildlife Trusts）2020 年的《扭转昆虫减少的趋势》（Reversing the decline of insects），https://www.wildlifetrusts.org/sites/default/files/2020-07/Reversing%20the%20Decline%20of%20Insects%20FINAL%2029.06.20.pdf。也见本书第二部分的注释 9。

23　这些不同群体的数字来自关于地球上生命的一项开拓性评估，即 Y. M. 巴昂（Bar-On, Y.M.）、R. 菲利普斯（Phillips, R.）和 R. 米洛（Milo, R.）2018 年发表的《地球上生物量的分布》（The biomass distribution on Earth），载于《美国科学院院报》（*Proceedings of the National Academy of Sciences*）115（25）：6506-6511，https://www.pnas.org/content/pnas/early/2018/05/15/1711842115.full.pdf。

PART TWO
黯 淡 前 景

1　专门报告地球状态的有两个主要机构。IPCC（气候变化政府间专家小组，Intergovernmental Panel on Climate Change）是关于气候变化现状与预测的全球协商一致意见的最佳信息来源（www.ipcc.ch）。IPBES 是有关生物多样性的最佳信息来源（www.ipbes.net）。对临界点概念感兴趣的可以看 R. 麦克斯威尼（McSweeney, R.）2010 年写的《解说：气候变化可能触发的九个"临界点"》（Explainer: Nine "tipping points" that could be triggered by climate change），载于 https://www.carbonbrief.org/explainer-nine-tipping-points-that-could-be-triggered-by-climate-change。

2　要详细了解这项工作及其影响，推荐 J. 罗克斯特伦和 M. 克卢姆（Klum, M.）合著的非常好读的《大世界，小星球》(*Big World, Small Planet*)，耶鲁大学出版社 2015 年出版。

3　IPBES 的最新研究（2019 年）显示，目前的灭绝率是过去 1 000 万年平均灭绝率的数十倍到数百倍，脊椎动物的平均灭绝率据估计在过去一个世纪中增加了 114 倍。见 https://ipbes.net/global-assessment。

4　预言亚马孙雨林很快就会出现森林梢枯的人包括巴西地球系统学家卡洛斯·诺布雷（Carlos Nobre）。诺布雷接受过一次内容丰富的访谈，载于 https://e360.yale.edu/features/will-deforestation-and-warming-push-the-amazon-to-a-tipping-point。还有一篇相应的论文：C. A. 诺布雷等人于 2016 年发表的《亚马孙地区的土地使用与气候变化风险，以及对一种新型可持续发展范式的需要》(*Land-use and climate change risks in the Amazon and the need of a novel sustainable development paradigm*)，https://www.pnas.org/content/pnas/113/39/10759.full.pdf。

5　关于冰层损失最新数据的最佳信息来源是 IPCC 在 2019 年发表的《气候变化中的海洋和冰冻圈特别报告》(*Special Report on the Ocean and Cryosphere in a Changing Climate*)，https://www.ipcc.ch/srocc/，和《北极监测与评估计划 2019 年气候变化信息更新：对 2017 年北极地区雪、水、冰及多年冻土关键发现的更新》[*Arctic Monitoring and Assessment Programme Climate Change Update 2019: An Update to Key Findings of Snow, Water, Ice and Permafrost in the Arctic (SWIPA) 2017*]，https://www.amap.no/documents/doc/amap-climate-change-update-2019/1761。

6　要了解有关永久冻土的信息，"全球永久冻土地面网"（Global Terrestrial Network for Permafrost）包括了所有最近的数据，https://gtnp.arcticportal.org/。

7　关于白化事件和珊瑚礁损失的一个关键数据来源是美国政府的"NOAA 珊瑚礁观察"（NOAA Coral Reef Watch），https://coralreefwatch.noaa.gov。它将卫星数据与地理信息系统相结合，来监测世界各地的海洋状况。若想了解更多详情，我还推荐"全球珊瑚礁监测网"（Global Coral Reef Monitoring Network）的报告：https://gcrmn.net/products/reports/。

8　联合国粮食及农业组织经常发表关于全球农业和粮食生产的报告。它的主旨报告包括
　　2015 年发布的《世界土壤资源状况》(*Status of the World's Soil Resources*)，这份报告阐
　　述了对于现代工业化农业的可持续性的主要关注：http://www.fao.org/3/a-i5199e.pdf。

9　世界范围内昆虫的减少已被广泛承认。对于未来昆虫生物多样性损失的各种预测难
　　以做出评估，但弗朗西斯科·桑切斯－巴约（Francisco Sanchez-Bayo）和克里斯·威
　　克胡伊斯（Kris Wyckhuys）在 2019 年完成了一份重要的、广受尊重的报告；见《全
　　世界昆虫的减少：动因一览》(Worldwide decline of the entomofauna: A review of its
　　drivers)，https://www.sciencedirect.com/science/article/pii/S0006320718313636。也见
　　本书第一部分的注释 22。

10　在新冠疫情大流行期间，IPBES 的一篇特约文章（2020 年）阐明了新生病毒和我们
　　对环境的破坏之间的关系；见 https://ipbes.net/covid19stimulus。

11　IPCC 是评估气候变化科学的主要国际机构。它 2019 年的报告《气候变化中的海洋
　　和冰冻圈》包含了对海平面上升的最新预测：https://www.ipcc.ch/srocc/chapter/sum-
　　mary-for-policymakers/。

12　C40 城市组织是世界超大型城市组成的致力于应对气候变化的网络。它是一个丰富的
　　信息来源，可借以了解城市地区将如何受到全球变暖的影响，以及负责任的城市正在
　　采取何种行动来应对自己面临的问题。见 https://www.c40.org。

13　有很多预测未来气候变化影响的模型。预测我们的星球到 2100 年将升温 4 摄氏度
　　的模型是在 IPCC 第五次评估的 RCP8 场景中提出的，https://www.ipcc.ch/assess-
　　ment-report/ar5/。关于 1/4 世界人口居住的地方平均气温将超过 29 摄氏度的预测使
　　用的是另一组搭建模型的假设，尽管做出的预测比较极端，但仍被认为是可能的结
　　果。见徐驰等人发表的论文《适合人类生存的气候带的未来》(Future of the human
　　climate niche)，载于《美国科学院院报》2020 年 5 月刊，117（21），11350-11355，
　　https://www.pnas.org/content/early/2020/04/28/1910114117。

PART THREE
未来憧憬：如何重新野化世界

1　来自《达斯古普塔评估：关于生物多样性的经济意义的独立审查》(*The Dasgupta Review: Independent Review on the Economics of Biodiversity*)，定于 2020 年年底出版。这份报告提出了强有力的论点，说明在现代经济中应该为大自然提供的环境服务确定合适的价值。见 https://www.gov.uk/government/publications/interim-report-the-dasgupta-review-independent-review-on-the-economics-of-biodiversity。

2　凯特·拉沃斯 2017 年出版的著作《甜甜圈经济学》(*Doughnut Economics*)杰出地分析了我们的现行经济制度与自然世界现实不合拍的状况。书中详细描述了"甜甜圈模型"，就我们该如何以可持续的方式来组织经济活动提出了大量指导意见。

3　在很多情况中，热带雨林是古老的生态系统。J. 加祖尔(Ghazoul, J.)和 D. 希尔(Sheil, D.)合著，牛津大学出版社 2010 年出版的《热带雨林的生态、多样性和养护》(*Tropical Rain Forest Ecology, Diversity, and Conservation*)全面概述了热带雨林的历史及功能。

4　《达斯古普塔评估：关于生物多样性的经济意义的独立审查——中期报告》建议，我们应该以一个新的标准来取代 GDP 作为评判成功的标准，这个标准就是把环境破坏造成的真正代价计算在内的国内生产净值(Net Domestic Product，NDP)；见 https://www.gov.uk/government/publications/interim-report-the-dasgupta-review-independent-review-on-the-economics-of-biodiversity。关于"幸福星球指数"的更多信息，见 http://happyplanetindex.org/。

5　这些数据的首要来源以及全球能源信息的可靠来源是国际能源机构(www.iea.org)。

6　碳预算是个高度技术性的领域。大致情况见 https://www.ipcc.ch/sr15/chapter/chapter-2/。关于未来的排放预测，见 https://ourworldindata.org/co2-and-other-greenhouse-gas-emissions#future-emissions。

7　"缩减项目"是一个非营利组织，它汇集了减轻气候变化的各种措施，对其做了全面易懂的分析，对每一条措施的相对重要性都做了评估；见 www.drawdown.org。

8 要了解关于交通运输业可能会发生的变化的比较激进的预测，见 https://www.re-thinkx.com/transportation。

9 斯德哥尔摩应变中心是地球系统科学领域和可持续性思想方面的一盏指路明灯。它推动建立了星球界限模型，并就环境政策问题向各国政府提供咨询意见。更多信息见 https://www.stockholmresilience.org/。

10 要了解实现能源过渡的最佳方法，见世界自然基金会的几份报告，载于 https://www.wwf.org.uk/updates/uk-investment-strategy-building-back-resilient-and-sustainable-economy。

11 关于生物多样性的增加会提高生态系统捕集并封存碳的能力的研究，可见阿特伍德（Atwood）等人 2015 年所做的研究；他们的研究表明，食物链顶端的掠食者被消除后，食草动物的增加导致新英格兰的盐沼和澳大利亚的红树丛及浒苔生态系统所捕集和封存的碳变少，https://www.nature.com/articles/nclimate2763；刘晓娟等人 2018 年的研究发现，中国亚热带雨林中树种的丰富多样增加了森林捕集和封存碳的能力，https://royalsocietypublishing.org/doi/full/10.1098/rspb.2018.1240；奥苏利（Osuri）等人 2020 年的研究发现，印度的自然林捕集和留置碳的能力比种植园更强，https://iopscience.iop.org/article/10.1088/1748-9326/ab5f75。

12 关于海洋保护区地位的有用信息载于"保护星球"（Protected Planet）：https://www.protectedplanet.net/marine。需要指出，目前并非所有保护区的管理都有效得当。根据有些估计，只有 50% 是名副其实、卓有成效的海洋保护区。

13 史密森学会就卡波普尔莫海洋保护区的成功撰写了一份详尽的报告，显示了将海洋保护区以及所有的保护项目与当地社区的利益挂起钩来是多么重要；见 https://ocean.si.edu/conservation/solutions-success-stories/cabo-pulmo-protected-area。

14 关于海岸生态系统捕集和去除碳的有效性以及为此目的的恢复红树丛、盐沼和浒苔场所做努力的更多信息，见 https://www.thebluecarboninitiative.org/。关于海洋保护区的设计细节，这篇介绍澳大利亚情况的文章很值得一读：https://ecology.uq.edu.au/

filething/get/39100/Scientific_Principles_MPAs_c6.pdf。

15　在海洋环境中，评估鱼群的数目和监督渔船的活动构成了特殊的困难，但这两者对于确保可持续性都非常必要。这些问题正通过现有的认证制度来处理，但尚未完全解决。

16　在管理世界对海洋的利用方面，《联合国海洋法公约》是最重要的国际条约。现在正在对这项确立了几十年的公约进行首次修正，许多人正在努力确保修正后的公约将可持续性置于中心地位。如果修正得当，该公约可能改变人与海洋的关系。要了解更多信息，见 https://www.un.org/bbnj/。

17　联合国粮农组织通过题为《世界渔业和水产养殖状况》的报告定期提供捕鱼量和水产养殖产量的数字。2020 年版可以在这里找到：http://www.fao.org/state-of-fisheries-aquaculture。

18　水产养殖管理委员会（Aquaculture Stewardship Council，ASC）管理着一个对负责任的水产养殖企业发放认证和标记的方案。购买养殖的鲑鱼和有壳动物等水产品时请留心这个委员会的绿色标记。见 https://www.asc-aqua.org/。

19　目前正在研究使用能捕存并封存碳的生物能源（Bioenergy with Carbon Capture and Storage，BECCS）技术来在发热或发电的同时从大气中去除碳。如果证明可以推广使用，它将帮助减轻生物能源作物同粮食生产或自然环境争夺空间造成的压力。使用海带作为生物能源作物的好处在于，恢复后的海带林是具有丰富的生物多样性的栖息地，而且生长极为迅速，管理良好的定期收获完全不会影响它的生长。

20　关于人类对土地的各种使用方式的生动叙述，见"用数据看世界"（Our World in Data）这个研究和数据项目的介绍：https://ourworldindata.org/land-use。

21　IPCC 的《气候变化与土地特别报告》（*Special Report on Climate Change and Land*）2020 年修订版就土地使用如何影响气候提出了一些很值得关注的洞见：https://www.ipcc.ch/srccl/chapter/summary-for-policymakers/。

22　关于土壤的功能，我们尚有许多不解之处。生活在健康土壤中的微生物和无脊椎动物会与彼此以及与它们周围的植物以众多复杂的方式互动。我们可以清楚地看到，丰富的土壤生物多样性对关键养分的固定、土壤状况、植物生长和陆地上的碳捕集与封存都至关重要。见 D. 雷科斯基（Reicosky, D.）编辑的《为可持续的农业而管理土壤健康》（*Managing Soil Health for Sustainable Agriculture*）第一卷：《原理》（Fundamentals）所载 P. R. 赫希（Hirsch, P. R.）2018 年写的《土壤微生物：其在土壤健康中的作用》（Soil microorganisms: role in soil health），英国剑桥伯利·多兹出版社（Burleigh Dodds）出版，169-196。若想比较清楚地了解粮食生产系统的情况和需要做出的改变，粮食和土地利用联盟（Food and Land Use Coalition，FOLU）的如下报告"显示了到 2030 年，粮食和土地利用体系如何帮助控制气候变化，保障生物多样性，确保所有人有更健康的饮食，大大改善粮食安全，并创立更具包容性的乡村经济"：FOLU（2019），《更好的种植：粮食和土地利用的十大关键转型》（*Growing Better: Ten Critical Transitions to Transform Food and Land Use*），载于 https://www.foodandlandusecoalition.org/wp-content/uploads/2019/09/FOLU-GrowingBetter-GlobalReport.pdf。

23 荷兰的瓦格宁根大学是探索采用高科技手段来改善农业可持续性的主要研究中心，它对发明本书中提到的有些荷兰农场试用的许多技术起了重要作用。见 https://weblog.wur.eu/spotlight/。

24 关于再生性农业的两个主要信息来源是"再生国际"（Regeneration International，https://regenerationinternational.org）和 P. J. 伯吉斯（Burgess, P.J.）、J. 哈里斯（Harris, J.）、A. R. 格雷夫斯（Graves, A.R.）和 L. K. 迪克斯（Deeks. L.K.）2019 年合著的《再生性农业：确定影响；发挥潜力》（*Regenerative Agriculture: Identifying the Impact; Enabling the Potential*），为 SYSTEMIQ 所做的报告，2019 年 5 月 17 日，英国贝德福德郡克兰菲尔德大学，https://www.foodandlandusecoalition.org/wp-content/uploads/2019/09/Regenerative-Agriculture-final.pdf。

25 关于按照某个国家的平均饮食量来养活世界人口需要多少土地的报告，见 https://ourworldindata.org/agricultural-land-by-global-diets。关于世界肉类消费的数据，可查 https://ourworldindata.org/meat-production#which-countries-eat-the-most-meat。

26 近来主要的报告有 EAT- 柳叶刀委员会的《地球的健康饮食和你》（*The Planetary Health Diet and You*）2019 版，见 https://eatforum.org/eat-lancet-commission/the-plan-

etary-health-diet-and-you/, 还有粮农组织的《可持续的饮食和生物多样性》(*Sustainable Diets and Biodiversity*) 2010 年概览，见 http://www.fao.org/3/a-i3004e.pdf。

27 这个评估来自牛津大学"未来粮食项目"(Programme on the Future of Food) 最近的一篇论文；见 M. 斯普林曼 (Springmann, M.) 等人 2016 年所著《改变饮食对健康和气候变化的双重裨益之分析与估价》(*Analysis and valuation of the health and climate change cobenefits of dietary change*), https://www.pnas.org/content/early/2016/03/16/1523119113。

28 原始来源引自 https://www.theguandian.com/business/2018/nov01/third-of-britos-have-stopped-or-reduced-meat-eating-vegan-vegetarian-report 和 http://www.foodnaviga-tor-usa.com/Article/2018/06/20/Innovative-plant-based-food-option-outperform-tra-ditional-stples-Nielsen-finds。最近一次调查显示，英国少吃肉的人从 2017 年的 28% 升到了 2019 年的 39%；见 http://www.mintel.com/press-certre/food-and-drink/plant-based-push-uk-sales-of-meat-free-food-up-40-between-2014-19。

29 关于这场食物生产革命可能给农业部门带来多么迅速而广泛的改变，有一篇比较激进的文章，见 https://www.rethinkx.com/food-and-agriculture-executive-summary。粮农组织 2012 年关于 2030/2050 年世界农业的展望是一份出色的详细分析，见 http://www.fao.org/3/a-ap106e.pdf。

30 如果人们转向以植物为基础的饮食，现代农业产量的增加意味着每人所需的土地面积实际上会迅速减少。要了解这一趋势的数据和依照粮农组织的数据对未来所需农地面积的一系列预测，见 https://ourworldindata.org/land-use#peak-farmland。

31 关于联合国 REDD+ 项目的更多信息可查 https://www.un-redd.org/。

32 森林管理委员会 (Forestry Stewardship Council, FSC) 是一个非营利国际组织，其使命是推动以对环境合适、对社会有益、经济上可行的方式管理世界的森林。它经营着一套全球森林认证制度。它发放的绿色标志说明木材或木制品来自用可持续和公平的方法管理的森林。见 https://www.fsc.org。

33 可持续热带林业的一个良好范例是婆罗洲沙巴州的德拉马格森林保护区 (Deramakot

Forest Reserve），它自 1997 年起就被森林管理委员会认证为可持续的森林，比任何其他热带森林都早。为保存生物多样性，它对伐木进行细致管理。调查表明，这个保护区的生物多样性与沙巴州其他地方的原始森林非常相似。关于德拉马格有一个很有意思的故事，还有一部短片，载于 https://www.weforum.org/agenda/2019/09/jungle-gardener-borneo-logging-sustainably-wwf/。

34 例如，英国政府正在考虑，今后不再像现在这样单纯以农民对土地的耕种为标准来发放补贴，而是根据他们的土地提供的"公共产品"，包括生物多样性的水平和碳捕集量来做出决定。有些人怀疑这一政策能否真正起到作用，但野生动物和乡村联系联盟（Wildlife and Countryside Link）最近做的一次调查显示，至少在英格兰，农民都支持这个改变。见 https://www.wcl.org.uk/assets/uploads/files/WCL_Farmer_Survey_Report_Jun19FINAL.pdf。

35 伊莎贝拉·特里 2018 年写的《野化》（*Wilding*）一书引人入胜地讲述了查理和伊莎贝拉对他们在苏塞克斯的农场实行野化的故事。该书讲述了现代农业的做法造成的问题和大自然在机会许可的情况下能够恢复的惊人程度，令人深受启发。它还显示了多姿多彩的生态系统给环境带来的好处。那个农场在捕集碳、改善土壤质量和减轻洪涝方面的能力都大幅提高。

36 世界各地都开始执行重新野化项目，它越来越多地被用来推动生物多样性的恢复和大规模自然进程。这方面的例子包括：在英国最受人喜爱的地区之一"湖区"（The Lake District）的中心实行混种生产的恩纳代尔项目（Ennerdale project），美国恢复原生高草原并将其连成一片的美国草原保护区（American Prairie Reserve）举措，还有"欧洲荒野再生计划"（Rewilding Europe）在欧洲各地支持的各种项目，如恢复多瑙河三角洲。要了解更多信息，见 http://www.wildennerdale.co.uk/，https://rewildingeurope.com/space-for-wild-nature/ 和 https://rewildingeurope.com/areas/danube-delta。

37 黄石国家公园对于它放归狼群的举措及其对生物多样性产生的影响的叙述见 https://www.nps.gov/yell/learn/nature/wolf-restoration.htm。

38 这份关于森林的恢复有可能减轻气候变化的里程碑式报告是由联合国粮农组织和托马

斯·克劳瑟的实验室共同完成的。虽然植树不应被视为减少使用化石燃料的替代办法，但该报告提出，有 17 亿公顷的土地没有树，可以鼓励人们在上面种植 1.2 万亿棵适合当地条件的树苗。见 https://science.sciencemag.org/content/365/6448/76。

39　联合国人口司是全球人口数据的权威。2019 年，它发布了最新的《世界人口展望》（*World Population Prospects*），里面根据不同的假设对 2100 年的世界人口做出了各种预测；见 https://population.un.org/wpp/。这些数据的摘要见 https://ourworldindata.org/future-population-growth。

40　要更详细地了解"地球生态超载日"及其计算方法，请见 https://www.overshootday.org。

41　"用数据看世界"包含的资料极其丰富，包括人口数据。关于世界人口的增长、未来人口的预测、生育率、预期寿命和人口学的许多其他方面，它都有介绍。这样的例子见 https://ourworldindata.org/world-population-growth。

42　汉斯·罗斯林是令人惊叹的社会科学传播者。盖普曼德基金会（Gapminder Foundation）在继续他的工作；见 https://www.gapminder.org/，该网站提供了关于人口和贫困的大量互动性工具和视频。

43　关于中国大陆的一胎政策和中国台湾生育率下降之间的对比，见 https://ourworldindata.org/fertility-rate#coercive-policy-interventions。

44　联合国妇女署（https://www.unwomen.org/en）和联合国人口基金（https://www.unfpa.org/）的网站都对许多这类问题发表了思虑周到的评论。

45　对维特根斯坦中心使用的研究方法的详细描述可以在网上找到，见 https://iiasa.ac.at/web/home/research/researchPrograms/WorldPopulation/Projections_2014.html。

46　艾伦·麦克阿瑟基金会力图促进讨论和行动，以实现建立切实可行的循环经济的雄心。它的网站含有关于这个题目的丰富信息和主张，见 https://www.ellenmacarthurfoundation.org。此外，凯特·拉沃斯的《甜甜圈经济学》一书也就如何建立循环经济体系提出了深刻的见解。

47　联合国粮农组织 2019 年的报告《粮食与农业现状》（*The State of Food and Agriculture*）

251

对当今世界的粮食浪费问题做了广泛的研究，并对减少浪费的各种办法做出了评论；见 http://www.fao.org/state-of-food-agriculture/2019。2020 年 WWF-WRAP（身心健康行动计划，Wellness Recovery Action Plan）发表的一份新报告《2030 年将欧盟的食物损失和浪费减半：加速进步所需的重大步骤》（*Halving Food Loss and Waste in the EU by 2030: The Major Steps Needed to Accelerate Progress*）就如何减少浪费给出了具体的指南，报告载于：https://wwfeu.awsassets.panda.org/downloads/wwf_wrap_halvingfood-lossandwasteintheeu_june2020__2_.pdf。

48　按照 2016 年 170 个国家签署的《蒙特利尔议定书》之下的《基加利修正案》，各国政府承诺正确管理并处理到期的 HFC 制冷剂。"缩减项目"（Project Drawdown）在对气候问题解决办法的评述中将其列为 80 种办法中的一种。他们估计，这个办法将防止相当于近 900 亿吨二氧化碳的温室气体进入大气层。

图注

图 注

Mann Deshi Foundation